时尚与品牌传播系列丛书

服装流行与品牌视觉

刘丽娴　季晓芬　罗戎蕾　许鸣迪　著

ZHEJIANG UNIVERSITY PRESS
浙江大学出版社

图书在版编目（CIP）数据

服装流行与品牌视觉 / 刘丽娴等著. —杭州：浙
江大学出版社，2018.7（2022.7 重印）
　ISBN 978-7-308-18085-6

　Ⅰ. ①服… Ⅱ. ①刘… Ⅲ. ①服装设计 ②服装—品牌
营销 Ⅳ. ①TS941.2 ②F768.3

中国版本图书馆 CIP 数据核字（2018）第 053444 号

服装流行与品牌视觉

刘丽娴　季晓芬　罗戎蕾　许鸣迪　著

责任编辑	王元新	
责任校对	沈　倩	
封面设计	郑嫣然　周　灵	
出版发行	浙江大学出版社	
	（杭州市天目山路 148 号　邮政编码 310007）	
	（网址：http://www.zjupress.com）	
排　　版	杭州青翅图文设计有限公司	
印　　刷	浙江新华数码印务有限公司	
开　　本	710mm×1000mm　1/16	
印　　张	19.25	
字　　数	397 千	
版 印 次	2018 年 7 月第 1 版　2022 年 7 月第 2 次印刷	
书　　号	ISBN 978-7-308-18085-6	
定　　价	45.00 元	

前　言 ～～

　　细细算来,笔者投身于时尚产业已逾十载,身处中国服装与时尚教育产业的前沿,深刻体会了产业的发展,也见证了中国时尚产业与世界的不断融合与发展,其中流行资讯作为时尚产业的核心与血脉,始终贯穿于时尚产业与服装产业。得益于与纽约州立大学 Karen Sheetz 教授多年持续的共同研究与探讨,笔者对接纽约一流时尚资讯发布机构与国内时尚研究机构的前沿资讯,试图梳理《服装流行与品牌视觉》书稿,从信心满满到一再修改,将近两年的时间才终交书稿。

　　在此感谢纽约州立大学时装技术学院的诸位教授,基于课程与研究的合作,我才萌发撰写此书的想法。同时也感谢我的学生陈如颖、郑嫣然、汪若愚、凌春娅、沈丽旸等,他们为书稿资料的收集与图片的整理做了不少工作。我时常有感于三年以来他们的成长,也惊叹年轻人对时尚与流行的敏感程度。

　　鉴于时尚产业的快节奏与流行资讯的瞬息万变,我担心一再犹豫反而导致内容与信息的过时,故虽有许多地方仍值得推敲,却已不得不交稿了。希望所完成的书稿能帮助读者形成对流行、时尚、视觉相关知识体系的系统认识。最后感谢家人始终如一的支持与包容。

刘丽娴

于浙江理工大学十九号楼

2018 年 1 月 1 日

目　　录

1 流行与趋势

1.1 关于流行

　　这是一个流行驱动的时代,"流行""时尚"这两个词越来越多地出现在人们生活的各个领域。流行不仅与服装相关,也与其他更多的领域紧密交织在一起。音乐、影视、休闲、运动等均不同程度地影响着流行。

　　流行反映一个时期内社会或某一群体中广泛流传的生活方式,是时代精神的表述。流行涉及的范围很广,除了时装,还包括音乐、建筑、舞蹈、体育、文学等,甚至在人类的思想和意识形态领域也有充分的表现。流行趋势是指在特定的时间,根据过去的经验,对市场、社会经济以及整体环境因素所做出的专业评估,以推测可能出现的流行趋势的活动。

　　流行是一种普遍的社会心理现象,是指社会上一段时间内出现的或某权威性人物倡导的事物、观念、行为方式等被人们接受和采用,进而迅速推广以至消失的过程。特别是 20 世纪后半叶以来,借助于各种媒体,流行以各种物化或符号的形式影响着人们的衣食住行。

　　在服装中,流行的服装被称作"时装",是流行现象最典型的代表。因为服装在遥远的古代就已经成为人类社会活动的重要组成部分,它不仅能够遮风挡雨、保暖御寒,还是体现社会身份、地位的象征。所以,服装流行早在古代就已经产生,其发展历史大概可以分为三个阶段:第一阶段是在工业革命之前,服装流行是小规模、长周期的,主要集中在上流贵族社会中;第二阶段是在进入工业革命之后,因为经济和技术的发展,服装流行的规模扩大、周期加快,以夸耀社会地位和财富为特征;第三阶段是从 20 世纪 60 年代开始的现代流行,借助于信息技术,流行渗透到社会的各个层面,具有范围广、规模大、传播快和周期短的特点。

服装流行会因为政治、经济、文化的影响而发生变化,所以具有新奇性、短暂性、普及性和周期性的特点,因而服装流行会呈现出被大家誉为经典的稳定性流行、骤然兴起后骤然结束的短暂性流行、反复循环出现的反复性流行和呈现周期性变化的交替性流行四种。服装流行的产生也有多种模式,如自然发生模式、必然发生模式、偶然发生模式和暗示发生模式。在传播模式上,服装流行会从流行发源地向其他地区传播,比如从巴黎传到东京,再从东京传到上海;此外,服装流行也具有群体传播的模式,根据社会群体的不同可分为自上而下模式、自下而上模式和水平传播模式。

流行趋势是指一个时期内社会或某一群体中广泛流传的生活方式,是一个时代的表达。它是在一定的历史时期,一定数量的人,受某种意识的驱使,以模仿为媒介而普遍采用某种生活行为、生活方式或观念意识时所形成的社会现象。

服装流行趋势是指构成服装的设计元素,比如廓形、款式、色彩、面料、图案、装饰、风格等在未来所呈现出的一种态势。这种态势总是在生活中慢慢地发生,改变人们对服装的观念,影响服装流行的发展。服装流行不会无缘无故地出现,虽然它的产生方式和影响因素不同,但总是具有一定的变化规律,大致分为循环式周期性变化、渐进式变化和衰败式变化,所以掌握这种变化规律对下一季服装新品的开发具有指导意义。

为了更好把握服装市场风向,流行预测机构诞生了。它从服装制造业中独立出来,对原材料、生产技术、市场和消费者及其生活方式等进行观察,通过主观的经验判断和系统的数据分析,对即将发生的流行趋势进行预测,其中包含即将流行的风格、主题、色彩、廓形、面辅料、图案、工艺、装饰、配饰等多个方面。因为色彩是服装中最容易吸引人的元素,所以对流行色彩的预测是流行趋势预测中极其重要、不可或缺的环节。有许多流行预测机构只针对色彩进行分析预测。

预测信息一般提前两年到半年发布,为服装公司开发新产品提供参考。现在主要的服装流行预测机构有法国 Promo Style 时尚资讯公司、美国棉花公司、英国 WGSN(Worth Global Style Network)、中国纺织信息中心;针对流行色的组织有国际流行色委员会、中国流行色协会、日本流行色协会、《色彩权威》杂志、国际羊毛局、国际棉业协会等。

1.2　流行趋势预测的专业机构

1.2.1　Pantone

Pantone(彩通，又译为潘通)这一名字已因成为设计师、制造商、零售商和客户之间色彩交流的国际标准语言而享誉全球。Pantone 公司是 X-Rite Incorporated 的全资子公司，是一家以专门开发和研究色彩而闻名全球的权威机构，也是色彩系统和领先技术的供应商，提供许多行业专业的色彩选择和精确的交流语言。

1953 年，Pantone 公司的创始人 Lawrence Herbert 开发了一种革新性的色彩系统，可以进行色彩的识别、配比和交流，从而解决关于在制图行业制造精确色彩配比的问题。他意识到每个人对同一光谱的见解各不相同，因而带来了彩通配色系统(Pantone Matching System)的革新。

在 Pantone 公司旗下，有一个专门研究色彩的机构 Pantone Color Institute(PCI)。PCI 致力于色彩流行趋势的预测和色彩对人类思维、感情等的影响。从 2000 年开始，PCI 每年都会指定一款色彩来表达这一年正在发生的全球时代精神。这样的年度色彩是一套四组能在世界范围内产生共鸣的颜色，既是对人们期望的反映，也能够通过色彩的力量去帮助人们发现自己所需要的。是否是该年度最流行时髦的颜色并不重要，但年度色彩必须能够贯穿所有设计领域，能够站在消费者的立场上表达一种心情、一种态度。

PCI 的团队尝试梳理影响未来设计的色彩，看哪一种颜色呈现上升趋势并能在各个创意行业发挥重要影响。他们在全世界范围内寻找灵感，不论是娱乐界、艺术界、旅游目的地、新兴科技还是经济社会形势，乃至即将举行的、能吸引全球目光的体育盛事都会被纳入考量的范围。除了这些因素，色彩的情感成分和色彩的意义也被作为关键的因素来考虑。

如图 1-1 所示，以 2016 年的流行色彩板为例，2016 年 Pantone 第一次发布了两种流行色：玫瑰粉晶(Rose Quartz)和静谧蓝(Serenity)，意味着现代压力下，消费者寻求专注与宁静。这两种颜色在色彩心理上满足了人们的信心和安全感之需，使解决问题、处理矛盾变得更加轻松。玫瑰粉晶和静谧蓝代表拥抱世界和追求凉爽的宁静，反映了人与社会的联系，表明人们希望拥有一个舒缓的秩序和内在平衡的和平世界。

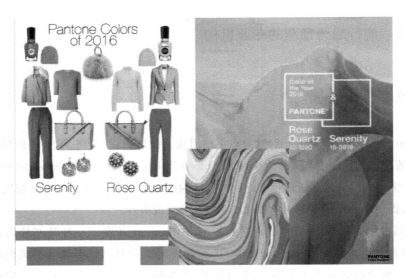

图 1-1 　2016 年流行色彩板

　　如图 1-2 所示，自 2016 年玛卡龙色系就开始流行，这一色彩趋势至 2018 年向更加柔和的方向发展。这种色彩趋势从出现到延续发展，背后的支撑力即为人们对舒缓松散的生活与和平安定的内心的向往。

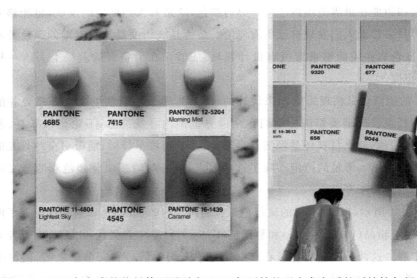

图 1-2 　2018 年色彩趋势板体现了对自 2016 年开始的玛卡龙色系的延续性与新发展

1.2.2   Etsy.com

Etsy.com 是美国一个在线销售手工艺品的网站，集聚了一大批极富影响力和号召力的手工艺品设计师。在 Etsy.com，人们可以开店，销售自己的手工艺品，模式类似 eBay 和淘宝网。

在 Etsy.com 交易的产品五花八门：服饰、珠宝、玩具、摄影作品、家居用品……只是这些产品有个共同的前提：原创、手工。所以，Etsy.com 聚集的不是普通人，而是一大批极富创意的手工达人和才华横溢的设计师，他们不仅在网上创造属于自己的品牌，开店销售自制手工艺品，还参加网络社区交流，进行线下聚会，参加 Etsy.com 赞助的工艺品集市或展览。今天的 Etsy.com 上聚集着几十万名专业或业余的艺术家，出售着各种各样自制的手工艺品，而他们的顾客，则是遍布全球的上千万名网络用户。这一模式已经对全球手工制品的交易方式产生了巨大且不可逆转的影响。

如图 1-3 所示，登录 Etsy.com，会觉得整个页面"简约而不简单"。说它简约，是因为整个页面明显存在两种迥异的风格，上面是一系列导航选项，下面是推荐的创意产品图片，一目了然；说它不简单，是因为这个网站设定了很多特别的商品展示模式。"色彩筛选"可以按颜色挑选喜欢的产品；"时光机"就像从遥远的太空飞来产品图片，点击可放大，可随意移动位置，如果不喜欢，还可以随意"丢"到太空之外；"所在地理位置"可手动移动地球，或输入国家名来寻找自己喜欢的产品；此外，还可按照类别、

图 1-3   Etsy.com 版面反映浓郁的手工艺情结

销售者的姓名等浏览或查找目标产品。对设计师而言,在 Etsy. com,即使不买任何东西,只是静静地浏览那些别致的手工小物件,也足以带给你灵感,并给你惊喜和感动。

1.2.3 WSGN

WGSN(Worth Global Style Network)是英国在线时尚预测和潮流趋势分析服务提供商。WGSN 作为提供网络资讯服务的公司,专门为时装及时尚产业提供网上资讯收集、趋势分析以及新闻服务。

WGSN 的主要目标客户是零售商(如 Carrefour)、制造商(如 ABS Cloting)、时装品牌(如 LEVI's)、设计师(如 Calvin Klein)、鞋帽制造商(如 Converse)、邮购产品服务商(如 Universal)、室内设计公司(如 Westpoint Steves)、电子产品公司(如 Nokia)、玩具公司(如 Otto versand)、食品饮料产商(如 Coca-Cola)、文具产商(如 Hallmark)、美容产品产商(如 L'Oreal)、汽车制造商(如 GM)等。WGSN 的网站功能强大,足不出户就可以掌握全球最新时尚情报,不仅为生产商和零售商在内的客户提供时尚产业便捷的和最新的咨询服务,同时也能为设计师、原料提供商提供视觉上的创新灵感。WGSN 拥有百余名创作及编辑人员,他们为满足客户需求奔走于各大时尚之都,并与遍布全球各地的资深专题记者、摄影师、研究员、分析员及潮流观察员组成了强大的工作网络,实时追踪最新行业动向。

WGSN 网站涵盖 16 项栏目,能为消费者提供全面的服务,例如点击 Think Tank(灵思妙想)及 Business Resource(商务资源)可追踪全球创意咨询及发展方向,开阔思路,包括关键基调、消费者行为模式、文化指标及影响时尚业务的长远趋势等。点击 Consumer Attitudes(消费者观点)可以获得 VIP 消费者的专业观点感受分析。点击 Ideas Bank(创意智库)则可以了解不同行业的未来理念及产品,帮助品牌主管、销售人员等洞察业界行情。点击 Trends(流行趋势)目录,则可以获取灵感和素材从而激发创作等。

1.2.4 国际流行色委员会

国际流行色委员会,全称国际时装与纺织品流行色协会(International Commission for Color in Fashion and Textiles),是国际色彩趋势方面的领导机构,也是目前影响世界服装与纺织面料流行色的权威机构,拥有组织庞大的研究与发布流行色的团体,其总部设在巴黎,发起方有法国、德国、日本等,成立于 1963 年 9 月 9 日。其部分成员及其流行色组织如表 1-1 所示。

表 1-1   部分成员及其流行色组织

成员	对应的流行色组织
法国 France	法兰西流行色委员会
德国 Germany	德意志时装研究所
日本 Japan	日本流行色协会
意大利 Italy	意大利时装中心
英国 Great Britain	不列颠纺织品流行色集团
西班牙 Spain	西班牙时装研究所
荷兰 Holland	荷兰时装研究所
芬兰 Finland	芬兰纺织整理工程协会
奥地利 Austria	奥地利时装中心
瑞士 Switzerland	瑞士纺织时装协会
匈牙利 Hungary	匈牙利时装研究所
罗马尼亚 Romania	罗马尼亚轻工产品美术中心
中国 China	中国流行色协会
韩国 South Korea	韩国流行色协会
保加利亚 Bulgaria	保加利亚时装及商品情报中心

1.3   流行趋势预测的周期

趋势预测是指在特定的时间,根据过去的经验,对市场、社会经济以及整体环境因素做出专业评估,以推测可能出现的流行趋势活动。

流行趋势预测的内容主要包括:色彩预测、面料预测、款式预测与综合预测等。色彩预测、面料预测、款式预测到综合预测等合计经历两年多的时间。

色彩预测通常提前两年,事实上在更早的时间,各地区的流行色预测机构就开始收集资料并准备色彩提案了,以便在国际流行色会议上提交提案并加以讨论。

纤维与织物的预测至少提前 12 个月。成衣生产商的预测则提前 6～12 个月。

零售商的预测通常提前 3～6 个月。如图 1-4 所示。

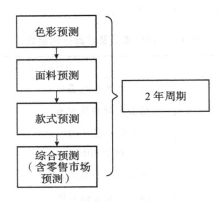

图 1-4　流行趋势预测的 2 年周期

1.4　流行趋势的四种类型

尽管每一种流行都遵循同样的流行模式,但流行的程度与时间却各不相同,某些流行很快达到鼎盛期,而有些却要漫长一些;有些流行缓慢地衰退,而有些却是急速下降;有些时装只能在一个流行季节里流行,而另一些却可能持续几个季节甚至更长;某些风格会迅速消亡,而另一些则经久不衰。整体而言,按照流行的时间长短,可将流行趋势分为以下四类。

1.4.1　长期流行（Long Term Forecasting）

长期流行是指延续多年、缓慢的流行。如图 1-5 所示为 20 世纪 50 年代左右迪奥（Dior）设计的标志性模式"新风貌"（New Look）。这一模式之所以名为"新风貌",是由于第二次世界大战后,女性重新回归家庭,罗曼蒂克与女性化特质被一再强调,相应强调纤腰丰臀的"X 型",该造型引导了当时的流行。如图 1-6 所示,2012/2013 年春夏,"New Look"造型再次出现,X 型再次成为流行的热点。纵览服装史,新风貌出现、沉淀、发展为持续流行的经典造型,长时间出现在流行趋势中。又如窄腿裤（Skinny Jeans）2007 年至今也独领风骚十年,可见其作为一种长期流行款式的热度。

图 1-5　Dior 的"新风貌"

图 1-6　Dior 2012/2013 年春夏系列由 John Galliano 为主设计师

1.4.2　大趋势（Mega Trends）

大趋势是指与社会文化或者生活方式结合的整体趋势,如禅式生活(见图1-7)。人们在紧张的都市生活节奏与工作压力下,向往更加舒适的生活方式与着装风格。禅式生活这一追求舒适、柔和、无攻击性的着衣范式体现在家庭装修中,也体现在追求时装运动化流行趋势中。

图 1-7　禅式生活大趋势下的流行时尚运动化发展方向

1.4.3　小趋势（Micro Trends or Minor Trends）

小趋势是指某一具体款式或细节的流行。如图 1-8 所示，《来自星星的你》的热播，带动了剧中时装单品的热销。

图 1-8　剧中女主角形象引发的具体款式流行

影视剧中的时尚会打动人心，剧中人物的服饰装扮、生活个性也都会成为人们追逐时尚的风向标。如 1962 年，电影《蒂凡尼的早餐》中，奥黛丽·赫本身着出自 Givency（纪梵希）之手的小黑裙，其形象深得观众的喜爱，影片上映后，欧洲街头到处可见穿着小黑裙的女性，如图 1-9 所示。

图 1-9 Givency 设计的小黑裙

1.4.4 快潮（Fad）

快潮（Fad）是指快速盛行又迅速消失的流行。快潮型产品的生命周期特征往往是快速成长又快速衰退，主要是因为它只是满足人类一时的好奇心或需求，所吸引的只限于少数寻求刺激、标新立异的人，通常无法满足更强烈的需求。

20 世纪 80 年代，麦当娜（Madonna）的音乐影响了一代人，也引领了当时的潮流。1984 年麦当娜开始灌录唱片，取得极大的成功，她穿着大胆，往往服装极为短小，衬衣像内衣与胸衣的混合，戴着宗教性很强的首饰，头发染色拙劣。当时千千万万的女性都模仿她的这种打扮和穿着。

例如，电影《闪电舞》（*Flash Dance*）引发了腿套（Leg Warmers）的时尚快潮，如图 1-10 所示。这一款式标新立异，虽因电影热映而红极一时，但流行的持续时间并不长。

图 1-10 麦当娜成为 20 世纪 80 年代的时尚标杆

1.5 流行生命周期

流行生命周期(Fashion Cycle)是指某一款式或趋势持续的时间,并按照流行程度与价格等内容划分为不同阶段。

段婵娟在《服装流行的周期性规律研究》中提到,从服装流行的轨迹来看,任何服装流行都会经历发生、发展、高潮和衰亡四个阶段。这个周期性规律受到社会环境中政治形势、经济状况、科技水平、文化思潮四大因素,以及个人审美变迁与偶发性事件的支配和制约。

朱伟明、刘云华、李萍在《基于流行周期的服装价格策略分析》中建立了不同档次品牌基于时尚流行周期的服装价格策略,在服装流行的初期,服装的价格往往较贵,在人们求新求异的心理下,物以稀为贵。而在服装流行的末期,由于该服装在市场上已广为上市,所以必须依靠人们的求廉心理,才能将服装销售出去,故此时服装的价格较低。

周建亨、舒陵、徐琪在《基于时尚周期的服装供应链协调策略》中将时尚产品流行趋势生命周期分为策划期、引入期、成长期、流行期、衰落期和衰亡期。策划期时,进行时装设计,提出流行理念;引入期时,发布时装设计,导入相关流行元素;成长期时,展开营销手段,需求呈波浪式上升;流行期时,时装系列大规模流行,出现一个或多个局部需求峰值;衰落期时,时尚因季节因素消亡,需求衰减;衰亡期时,只有少数忠实顾客继续关注该系列产品。

李先状、蒋智威在《流行服装及其生命周期浅析》中提到,服装产品的生命周期一般由四个阶段构成,分别为引入期、成长期、成熟期和衰退期,不同于其他产品的是服装产品的周期更短,并具有再次循环现象,一种样式从流行到消失后,若干年后会以新的面貌再次出现。

综上所述,服装流行生命周期大致可以分为:导入期(Intro Visionary Spark)、成长期(Rise Directional Fashion)、鼎盛期(Height Major Trend)、衰退期(Decline Oversaturated Looks)、消亡期(Obsolete Ends in Excess)五个阶段(类似于一般的产品生命周期)。每一种产品的流行都会经历这五个阶段,只是各阶段所经历的时间各不相同。每一种流行均有周期性,其会经历一个逐渐变化的过程,如图 1-11 所示。

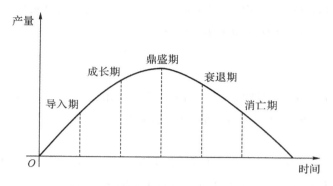

图 1-11　服装流行生命周期的五个阶段

1.5.1　服装流行生命周期的五个阶段

1.导入期

设计师依据自己对时代潮流的理解推出一种具有创造性的款式,然后通过零售渠道向公众提供这种新的服装商品。巴黎的某些"最新时装"可能未被大多数人接受,也就是说,这一时期的流行只意味着时尚和新奇。

绝大多数的新款都以高价推出。一般而言,以创造性以及对潮流反应迅速、产量稀少为特征的设计师,需要得到巨额财力的支持,再结合高品质的原材料和精美的制作工艺,才能自由地进行创作设计。显然,这样做成本极高,因此只有极少数人才能大量销售自己的作品,因为小批量生产能给他们提供更多的自由,更大的灵活性和发挥创造力的空间。

2.成长期

当某种新的时装被购买、穿着并为更多的人了解时,它就有可能逐渐为更多的顾客所接受,对于那些昂贵的时装,它可能是设计师一个系列中最流行的,甚至是所有高档时装中最流行的,但销售额可能永远也不会高。为此,在现实经营活动中,某种款式可以通过驳样和改制得以进一步流行或扩大市场份额。

一些企业通过品牌授权的方式进行生产,而后以较低的价格出售,而另一些企业则用较便宜的面料和修改一些细节进行批量生产,然后以更低的价格进行销售,著名设计师也许会对自己的设计进行一些修改以符合顾客需要和价格定位。许多知名服装设计师品牌通过这些方法获得不菲的市场收获。

3.鼎盛期

当一种流行达到鼎盛时期时,消费者对它们的需求就会极大,以致许多服装企业都以不同的方式驳样或改制流行时装,并进行批量生产,使流行款式更多地被顾客购买。

大批量生产必须能得到大众的接受。许多服装企业紧随已经形成的流行趋势进行生产,因为他们的顾客需要的是正处于流行主流的服装。

4.衰退期

最终,相同款式的服装被大批量生产,以致具有流行意识的人们因为厌倦了这些款式而开始寻求新品,此时的消费者可能仍会购买或穿着这类服装,但他们不再愿意以原价购买,于是零售店铺将这些服装放在削价柜上出售,以便尽快为新款式腾出空间。

5.消亡期

流行周期的最后一个阶段是消亡期,这时消费者已经开始转向新的款式,因此又一个新的流行周期开始了。这种现象的发生是因为这种款式已落伍。

1.5.2　流行的循环与再现

沈雷、史雅杰、陈赟银等在《论"回潮风"下服装肩部造型的嬗变》中针对 2008 至 2012 年女装肩部主要流行的类型、款式特征、流行元素的演变进行系统性的归纳与分析,指出近年来肩部造型并不是孤立变化的,而是有一定的脉络及走向。

神惠子在《由服装复古风的盛行看流行轮回》中提到流行服装具有再次循环现象,即具有交替反复出现的现象。一种服装样式经历从流行到消失后,若干年后可能会再以新的面目出现,这被称作流行的循环周期。

李喆、吕静在《"流行轮回"现象的解析》中提到复古式流行轮回并不是现代图案设计中才出现的,而是每隔一段时期后,复古风就会悄然而至。一切的事物似乎都是每当发展到了顶点的时候,人们就会回过头去热衷追求最原始、最简单的东西,久而久之,流行轮回式就成为一种常见的图案形式设计特征。

以色彩为例,流行色是一个过程性很强的色彩现象,其特征主要表现为三个方面:时间性、空间性、循环性。

时间性是流行色的重要概念,它是流行色呈现的基础。流行色不是恒久的色彩,它具有动态的、暂时的、流变的属性。虽然它只属于某一段历史时期,但在属于它的历史时期中却占据极其重要的地位,离开了特定的时期,它所具有的特殊价值也就逐渐消失了。

空间性是指流行色的地域性。地域性的概念表明,流行色不是全方位遍布,它是一种在特定地区内适应当前社会人群状况的色彩。在流行色传播的地区,它必须与当前该地区消费群体的审美期望相联系,同时还要与这个地区的民俗、文化发生关联。而每一个国家、民族由于经济发展水平不同,习俗、文化、历史存在差异等,色彩因此在流行状态上也会有所差异。即使是同一个颜色,在不同区域的市场,也会有不同程度的流行与反应,因此品牌在运用流行色时需要根据自身定位差异、消费群差异、所处区域文化特质差异做适当调整与变化。除了文化环境差异外,色彩还存在地区的背景色彩和城市色彩差异、日照强度差异等,这些因素都将导致色彩发生变化。

循环性是指流行色与所有事物一样都经历生命周期。而流行色的周期长短因时间、色彩、市场、环境而定。此外,同一时期流行的若干色彩,各自的周期也不尽相同。流行色的变化一般都遵循:明色调—暗色调—明色调,或者冷色调—暖色调—冷色调的规律。

1.5.3　服装生命周期管理系统 PLM

产品生命周期管理(Product Lifecycle Management,PLM),是一种信息化理念,是对产品从创建到使用,到最终报废等全生命周期的产品数据信息进行管理的理念。PLM 不仅是一种技术,更是一种商业步骤,产品数据管理由(Product Data Management,PDM)发展而来。前者区别于后者之处在于产品的生产过程有详细的记录管理,为售后追溯产品在工厂的生产信息提供了可能。

PLM 系统软件是在 PDM 软件的基础上建立的,是对 PDM 软件的扩展和延伸,可以实现对研发过程中产品数据的管理,同时也包括产品数据在生产、营销、采购、服务、维修等部门的应用。通过实施 PLM,制造企业可以对原材料、产品生产全过程以及分销和售后等所有环节进行质量控制。更重要的是,可以缩短产品的研发、上市和销售周期,并帮助企业开展自主创新。

PLM 系统被广泛运用在制造业中。以产品为核心,围绕产品生命周期中各个阶段产品数据的生成、变化进行科学有效的管理,将有效地提升产品质量。对于服装企业,PLM 系统可以实现对最初的商品企划、产品开发、产品生产、产品配送、产品零售、销售数据分析等整个过程的协同数字化管理,进而根据每年的记录建立公司的数据库,做到更加精准地为下一季产品进行规划。PLM 系统能够有效分析出以往的服装产品数据,同步管理整个生产和供应链以及零售过程,大大提高公司的运作效率,缩减运营成本,促进产品创新。

1.6 细分指标、消费者与流行

如图 1-12 所示,人口统计、地理统计、心理统计既是进行流行趋势分析与预测的有效工具,也是对目标消费者定位的重要方法。

图 1-12 社会因素、自然因素、心理因素均影响消费者定位

1.6.1 人口统计学变量

人口统计学变量(Demographic)是指一个人的年龄、民族、国籍、性别、婚姻状况、家庭生命周期、受教育程度、职业、种族和收入都是客观的和实证的。

社会阶层(Social Class)被认为是一个统一体,各社会阶层成员处于特定社会地位。社会阶层可以定义为将社会成员划分为不同社会地位的等级制度,每个阶层的成员都拥有与其所属社会阶层相对应的社会地位。将社会成员划分成小范围的社会阶层有利于研究者关注同一阶层内共同的价值观、态度和行为方式以及不同阶层间的不同价值观、态度和行为方式。可以通过以下三个变量的综合指标计算来衡量：收入、受教育程度、职业。研究表明，社会阶层在穿着习惯、家庭装饰、休闲生活、储蓄、消费等方面有所不同，营销者也需要对各社会阶层消费者制定差异化的产品开发与相应的促销企划。

1.6.2　地理统计学变量

地理因素变量（Geographic）是根据消费者的居住区域和地理条件界定目标消费群的工具，包括国家、区域、省份、气候、人口密度、城市、交通条件、城市规模等不同内容。

地理人口统计细分是一种常用的混合细分方式。这种细分方案假定：居住在临近区域的消费者倾向于有同样的理财方式、品位、偏好、生活方式和消费习惯。有趣的是，伴随个性化需求的凸显和客制化趋势发展，技术改变了服装零售业的交易方式、交换内容。于是，更小的地理细分方式出现，社区甚至个体消费者成为研究的对象。

1.6.3　地理人口统计变量

地理人口统计变量（Geodemographic），是结合了地理变量与人口变量的综合变量。这种综合的细分方式是服装业所常用的市场细分工具。

1.6.4　心理因素变量

心理因素变量包括生活方式、性格、购买动机等。心理图式（Psychographics），也可称为生活方式，包括活动、兴趣和意见（Activities，Interests and Opinions，AIOs），通常都是针对各种各样问题的态度，并不能根据标准的定义来分类。如"绿色消费者"之类的名词都是在特定的研究范围中定义的。类似的个性特征（Personal Traits）、社会文化价值观（Social Culture Values）等抽象认知都是通过心理学或者态度方面的工具来测量的。

出于自我保护或根本没有意识到自己的性格特征等原因，人们通常很难说出自己是什么个性。但通过性格测试，研究者可以判断一个人的性格并在细分市场中使用它。

1.6.5　社会因素

服装是社会的一面镜子，是政治、经济、文化、科技等整个社会组成部分的缩影和体现。社会因素（Sociological Influence）主要包括政治因素、经济因素、科技因素和文化因素。

（1）政治因素。服装流行的历史，正是人类社会发展的历史。欧洲宫廷文化、法国大革命、中国历朝历代的服饰都能对流行趋势产生影响。例如，拿破仑三世的欧仁妮皇后曾是法国社会潮流引导者，普法战争后，随即下台离宫，整个法国社会因政治变革造成了时尚引领者的变动，从而也影响到了整个社会服装流行的变换。

（2）经济因素。服装显示了一个国家的经济发展水平。当世界经济向低碳经济方向转型时，低碳时尚也悄然开始盛行。20 世纪 90 年代的消费狂潮，创纪录的债务引发了经济危机，导致消费者开始过节俭生活，欧美经济也一直处于不景气状态。能源危机进一步增强了人们的环境意识，"重新认识自我""保护人类的生存环境""资源的回收和再利用"成为人们的共识，这使人们开始对 80 年代的大量浪费进行反省，反流行、反时尚、反对过度消费成为主流思想意识形态。于是乎，20 世纪 70 年代"石油危机"时就曾出现过的思维与流行现象再次出现。

（3）科技因素。自从西方国家开始进入工业社会，经济的发展规模和速度得到了前所未有的提高之后，服装开始变得简洁、方便和优雅。其中女装的现代化彻底消灭了服饰上的阶级差异是因为战争及第二次世界大战后的经济复苏带来的社会变革，不仅使女性走出闺房，而且成为与男性一样的政治、经济地位独立的社会成员，资本主义社会经济的增长和女性地位的不断提高，使得女性有着自己的审美趣味和独特思想，女性服装的流行变化速度逐渐加快。

（4）文化因素。不同的地域有不同的文化，文化的差异使得各地的服装大有不同。东方偏向统一、和谐，偏重抒情性和内在情感的表述。西方则自文艺复兴以来一再强调人性、人体美学，于是在服装形制上不同于东方的意境追求，强调人体本身的美感与立体裁剪、造型设计。这种文化与美学差异造成了东西方迥然不同的审美标准与文化语境。

1.7　几类主流整体趋势

1.7.1　时间匮乏与禅式生活

现代社会节奏日趋加快,工作、应酬和个人事务几乎占据了每个人日常的全部时间。由于时间匮乏,所以不是每个人都能实现预期中的生活愿景的。2015年年初,一位教师的辞职信上写着"世界那么大,我想出去看看",在社交媒体上引发了热议,反映了人们观念的改变,年轻人开始注重自我实现,挑战现有的社会信念,向往佛教与极简主义的生活方式,慢时尚的观念也因此开始受到广泛关注。

在消费行为方面,人们热衷于消费购物,却又不愿花太多的时间用于购物,因此简单、快捷、高效率的购物方式越来越成为主流方式。于是1号店、天猫、京东和当当网等迅猛发展,而路边便利店的生意也红红火火。因为他们满足了大多数人的购物需求,想到什么,马上就能购买,不需要浪费太多的时间。

在生活节奏加快的同时,人们在快节奏、高强度的都市生活与工作压力下,追求一种内心的平和与避世求真的心境。于是,禅式生活与去都市化、回归本源的生活方式受到推崇。

1.7.2　休闲化与简单生活方式

舒适才是新奢侈的理念开始深入人心,盛装打扮不再需要牺牲舒适度了。以往的紧身设计开始由宽松的廓形取代。高端品牌纷纷走向休闲化,经典运动服装混搭极具触感的柔软面料,打造半正装风格;平底鞋也成为女鞋中的新宠儿。

运动休闲趋势正在不断演变。2016年,运动休闲趋势主宰全球服装市场,逐渐抢占非运动服装的市场份额。这主要源于在世界各地,越来越多的人选择穿着运动服装,无论是否运动。作为现代的一个"超级趋势",运动休闲已被编入字典,即运动时或日常穿着的休闲服装。综合运动休闲趋势影响下的消费者和时尚达人,可将其分为以下五类人群。

1. 全天运动者（All Day Actives）

全天运动从运动休闲趋势衍生而来，并将运动服装和功能面料带入日常生活。全天运动者因生活忙碌而需要舒适感极佳的过渡服装，同时还要保持时尚魅力，并男女皆宜。健身与健康对于这类消费群体而言十分重要，这反映在他们对于日常生活服装的选择，功能性与舒适感和外观同等重要。他们了解功能面料，选择灵活多变的单品，轻松地隐藏功能特质，满足全天的各种活动，不需要更换衣服。如图 1-13 所示。

图 1-13　全天运动者

2. 健美追求者（Protien Princess）

健美少女衍生自健康和健美潮流。这一年轻女性消费群体注重健身，追求健美的身材。她们将健身作为一种投资，展现出自我价值，并经常在社交软件上晒健康。健美追求者的年龄通常 20 岁出头，一周健身五六次。新一代健身明星和模特则是代表人物，他们健美的身材成为一种身份象征，如同手提包一样不可或缺。如图 1-14 所示。

3. 运动伪装者（Ath-Fakers）

运动伪装者对运动休闲的诠释很容易被视为懒于穿搭。运动伪装者实际上是运动休闲趋势的一种体现，但常被忽视。这部分群体并不热衷于健身，他们将运动服装作为日常着装，因为他们需要舒适、流行的服装，以应对忙碌的生活，无论是接送孩子，还是与朋友共进午

图 1-14　健美追求者

餐。他们或许无法一周健身五六次，但穿出健身达人的造型却对他们很重要。如图 1-15 所示。

图 1-15　运动伪装者

4. 运动时尚结合者（Fash-Leisures）

运动时尚结合者将高端运动服装与日常服装混搭，诠释出 Alexander Wang 所说的"街头制服"。他们追求"对比鲜明"的着装风格，挑战传统界线，并将休闲服装与正装、运动服装与时尚混搭，塑造出酷炫、休闲，同时不失时尚的现代都市造型。这种着装方式的优点在于舒适感和功能性。对于运动时尚结合者而言，款型和品牌也很关键，他们热衷于限量版单品、高端品牌和设计师联名系列，并认为自己位于"运动休闲食物链"的顶端，是休闲运动趋势的早期追随者。如图 1-16 所示。

图 1-16　运动时尚结合者

5. 奢侈/高端运动者（Ath-Luxers）

奢侈/高端运动者擅长过渡装束,将高端运动服装纳入日常衣橱中,并将其提升至新的层次。奢侈/高端运动者对于健康和健身极为重视。他们青睐精品健身房和健身课程,健身时间对其而言是一种不可或缺的奢侈品,同时也是生活的核心。他们擅长过渡装束,在健身房、办公室或鸡尾酒会之间自如切换,以应对各种场合。如图1-17 所示。

图 1-17　奢侈/高端运动者

1.7.3　明星影响

在互联网＋背景下,越来越多的网络红人通过社交网络积累大量粉丝,通过粉丝经济效应促进网络购买力。以新浪娱乐公布的 2015 年网红排行榜中的张大奕为例,她早年曾是《瑞丽》的平面模特,在工作中经常接触服装行业,熟知各类服饰品牌并有一定的穿搭技巧,在微博上分享自己的穿搭后,粉丝增至几十万人,并收到不少关于服装品牌的询问;而在淘宝网上,相关产品时常出现"张大奕同款"等字样,以吸引消费者眼球。

关于穿衣搭配方面,越来越多的女性表示如今更相信明星们的眼光,而不再模仿自己的母亲和周围的朋友。备受大众追捧的明星包括名媛金·卡戴珊（Kim Kardashian）、当红超模卡拉·迪瓦伊（Cara Delevingne）、维多利亚·贝克汉姆（Victoria Beckham）等,她们已经成为时尚界的风向标。

卡戴珊家族是纽约知名的名媛家族(见图1-18)。卡戴珊家族在美国体育圈和娱乐圈享有很高的声望和地位,被称为娱乐界的肯尼迪家族。卡戴珊家族的真人秀节目在美国拥有很高的收视率,仅"与卡戴珊同行"每周的平均观看人次就高达350万。

图1-18　卡戴珊家族人物关系

1.7.4　民族风

现代科技迅速发展,缩小了地球上的时空距离,整个世界紧缩成"地球村",人们对世界不同文化的了解也越来越深刻,同时也为避免现代化的进程使古老的文化消失,各类民族风(Ethic and Racial Population)的元素越来越多地被运用于设计中,并得到消费者的认可。

怀旧、民俗、色彩与层次感是德赖斯·范诺顿(Dries Van Noten)的绝活,细碎的印花和细节设计是着眼点,民族风格的花卉图案更是这个品牌最擅长的元素。德赖斯·范诺顿的2015秋冬系列给我们带来了神秘的民族风风格,大量运用碎花和色彩拼凑出独特的设计。颜色上依然是一贯的缤纷多彩,从黑、白、灰、橄榄绿到苹果绿、赭红、冰河蓝。德赖斯·范诺顿军装元素的双排扣西装堪称当季新作,衬衫则以绣花增添单一色彩的变化;U领花点背心、滚边丝棉西装背心、前胸刺绣花卉图无不充满民族风的元素。

2017年2月26日,Stella Jean又为观众展示了自己的标志性风格。呈现在T台上的造型包括层叠的美式军装连衣裙和俄罗斯乡村便装,配饰则有皮草帽子或俄罗斯头巾、午餐盒式的手提包以及独特的刺绣勋章(见图1-19);伴随着十几幅以冬季田园生活景色为主题的印花图案,一件编织非常密实的挂毯式大衣,缤纷多彩的半裙,厚实的手工编织毛衣上点缀几个有趣的小马图案,它们正围绕露出一侧肩膀的领口

图 1-19　Dries Van Noten 2015 秋冬巴黎时装周

欢快奔跑（见图 1-20）。有赖于设计师 Demna Gvasalia 和 Gosha Rubchinskiy 的影响，俄罗斯和东欧风格的图形主题已经成为 T 台上越来越常见的元素。

图 1-20　Stella Jean 2017 秋冬米兰时装周

1.7.5　女性意识觉醒

香奈儿 2015 春夏秀场谢幕，印象深刻的摇旗呐喊实则就是一场 21 世纪的女性革命。谁也没料到时装可以成为经济的风向标，这也从另一个侧面幽默地体现出女人撑起经济支柱的霸气。作为最先把男装穿到自己身上的设计师，香奈儿打破了性别程式化的束缚,大胆地将男士衣物的布料用于女装的设计,这无疑在 21 世纪初期,埋藏下了不安的基因。Karl Lagerfeld 以激进的形式将宣言呈现在了巴黎街头,凌驾于时装之外的精神思想,透过经典的斜纹软呢传承,如图 1-21 所示。

图 1-21 香奈儿表达女权主义的秀场

1.7.6 技术影响与反技术

Ralph Lauren 因其学院风海军条纹和卡其裤闻名,也是首家考虑可穿戴技术设备服装的主要奢侈品时尚品牌。它的 Salvo(一款能监测心跳、呼吸以及应力水平的运动衫)将打入大西洋两岸的商场。随后,据 David Lauren(Ralph Lauren 的儿子、执行副总裁)称,所有的东西都会公开招投标。可穿戴技术已革新到一个点,那就是融合到服装当中。

在科技迅速发展的同时,也有不少人开始怀念过去,Isabel Marant 于巴黎时装周发布的 2016 秋冬系列充斥着一股 20 世纪七八十年代的新复古风潮。千鸟格、格纹在大衣和裤子上大量运用英伦风十足,动物纹和格子的混搭时髦新颖,金属拼皮腰带很好提拉了身材比例,加上亮面机车外套搭配上银色紧身裤、糖果包装纸感觉的紧身衣裙,以及穿着带有大胆装饰复古鞋的模特仿佛带我们去到了嚣张叛逆的迪斯科时代。如图 1-22 所示。

1.7.7 数字化、客制化与品牌的融合趋势

工业革命改变了时装产业的面貌,手工业走向了产业化,定制的生产方式转变为

图 1-22 Isabel Marant 的复古风格服装

工业化大生产的标准产品。而今,个人诉求随着时代的变迁又一次成为万众瞩目的焦点。一方面,随着时装消费需求的日趋差异化、多样化及复杂化,以个性化选择、为单个消费者服务、小批量作为特征的定制化服务体现了一种全新的生活方式;另一方面,不管是耐克定制工作室(Nike id Studio),还是大众品牌与各奢侈品牌频繁的时尚跨界(Fashion Crossover),都是在拉低价格的同时强化顾客体验。定制的精髓已融入大众产品的基因,成为时装工业的组成部分。

自 20 世纪 90 年代以来,我国成为纺织时装大国,消费者的观念发生了巨大变化,不同消费群体对时装本身的品质、购物环境、消费标准的不同要求带动了整个时装市场的不断细分化与立体化发展态势。以往那种大规模、大批量、低成本、低价竞销的大众产品已不能适应新的需求。富有阶层逐步扩大,加上流行资讯的迅速传播、跨国旅行的风行,使中国消费者对时装有了更多的要求。随着服装消费市场日益成熟,强调个人化、追求个性与品质感的定制时装获得了良好的市场空间,并将以其特有的形式占领市场,特别是在金融危机过后的逐步恢复阶段。定制化与大众化产品日趋融合的态势成为新时期值得关注的发展方向之一。

现如今,高级定制已从艺术品的象牙塔走上街头,走向大众,定制化成为青年一代时尚生活的一部分,是当代消费者个性化需求的回归和自我观念的再现。于是,时尚大师们纷纷与大众品牌联手,原本专属于高级定制领域的设计师纷纷走向大众,而大众品牌走向个人化、个性化,呈现出一种前所未有的融合态势。从时装的发展脉络看,一方面,工业革命使生活方式发生了转变,定制的生产方式被来势汹汹的大众成衣淹没,但始终作为分支延承下来,传承至今的定制品牌往往被纳入奢侈品的范畴,受到当今消费者的推崇。另一方面，随着消费者表达个性的诉求愈发强烈的同时，大规模定制却模糊了大众成衣与定制的界限。

当代时装可以更多担当"新消费理念"倡导与"新生活方式"引领的功能职责。时装是"内需"外在的表现，是生活时尚的表述。在蓝海时代，消费者的个性化、差异化、人性化需求越来越强烈，因此定制的回归应情应景。

在客制化与数字化背景下，服装品牌模式不断演化。品牌通过将消费者消费行为数字化，实现大数据实时统计，以准确地把握消费者购买习惯，对其进行精准信息推送，从而提升用户体验；同时利用 O2O 线上线下平台搭建，增加品牌与消费者互动，以培养用户黏性，达到沉淀用户的目的。综上所述，理论模型如图 1-23 所示，无论是品牌数字、客制化生态体系还是数字客制化品牌模式建立，其目标都在于以下三个：引流、跑量、推广。引流是指将线下客流通过 APP、扫码等方式引到线上平台，又将线上的消费者吸引到门店体验。跑量是指借助各类打折优惠活动将线上线下消费者分别交叉吸引，尽可能促进销量。推广是指紧贴品牌定位，结合事件性促销与相关活动进行具有互动性的品牌推广，从而提升品牌形象。

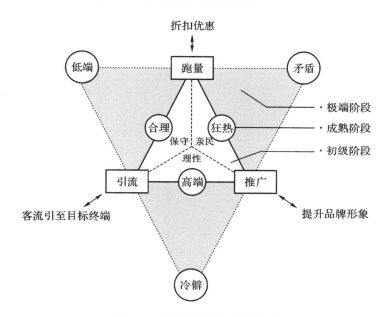

图 1-23　品牌客制、数字化模型

　　事实上,在品牌的实际运作过程中,目的并非单一。因此,可以建立模型以评估品牌在O2O模式下的客制化与数字化现状,以帮助企业识别自身现状,并进一步推进线上线下双生态系统。

　　在明确目标后,进一步划分出目标层的三个区间,每个区间可按现有程度的不同划分为三个阶段,并进一步划分为九个类别,如表1-2所示。

表1-2　目标层囊括的三个目标与区间

主要目标	区间	程度
引流	引流—跑量型	保守(初级阶段)、合理(成熟阶段)、低端(极端阶段)
跑量	跑量—推广型	亲民(初级阶段)、狂热(成熟阶段)、矛盾(极端阶段)
推广	推广—引流型	理性(初级阶段)、高端(成熟阶段)、冷僻(极端阶段)

2　色彩理论与色彩流行

关于色彩的理解需从揭示色彩现象本质入手，以便明了光与色彩、物体与色彩之间的关系；揭示同一物体由于不同的色光照射而产生不同色调的原因，以便明了物体在平面状态和立体状态下，对相同或相异色光的反应；以及色彩处在不同空间场合所发生的变化，乃至不同区域、不同民族、不同文化对同一组色彩会产生不同的反应等色彩现象。

2.1　色彩理论（Color Theory）

（1）色环（Color Wheel）。色环其实就是在彩色光谱中所见的长条形的色彩序列，再将首尾连接在一起，显示原色、间色、复色之间的关系。如图 2-1 所示。

（2）原色（Primary Color）。原色是最基本的颜色，通过一定比例混合可以产生其他任何颜色。通常，原色为黄色、红色与蓝色。

（3）间色（Secondary Color）。间色为任意两种原色以各 50% 的比例混合而成的颜色。例如，红色加蓝色混合成

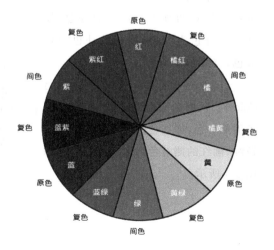

图 2-1　色环中囊括原色、间色和复色

紫色,蓝色加黄色混合成绿色,红色加黄色混合成橘色。

(4)复色(Tertiary Color)。复色是任意一种原色和与之间隔的间色以各50%的比例混合而成的颜色。例如,蓝绿色、蓝紫色、红紫色、橘红色、橘黄色和黄绿色。

(5)冷色与暖色(Cool Color and Warm Color)。冷色与暖色是一种色彩心理感受,色彩的冷暖感觉是人们在长期生活实践中由于联想而形成的。常规来说,我们把红、橘红、橘、橘黄、黄、黄绿定义为暖色;绿、蓝绿、蓝、蓝紫、紫、紫红定义为冷色。如图 2-2 所示。

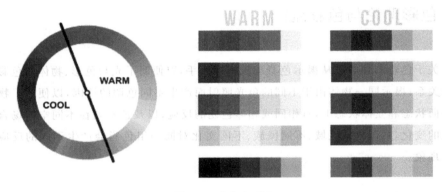

图 2-2 冷色与暖色

(6)补色(Complementary Color)。色环上相对的颜色为各自的补色,如红色的补色为绿色,橘红的补色为蓝绿色。如图2-3 所示。

(7)侧补色(Split Complementary Color)。该颜色补色的近似色为此颜色的侧补色,如红色的侧补色为蓝绿与黄绿,橘红的侧补色为蓝色和绿色。如图 2-4 所示。

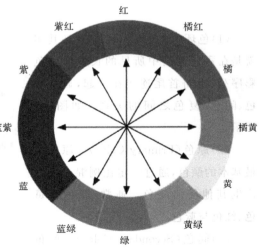

图 2-3 补色

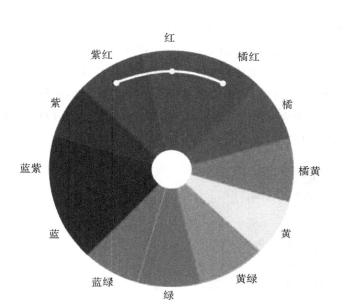

图 2-4 色环中的侧补色

（8）近似色（Analogous Color）。近似色指的是色环上与任意一种颜色相邻的两种颜色。如红色的近似色为紫红和橘红。

（9）色相（Hue）。色相是色彩的首要特征，是区别各种不同色彩的最准确的标准。色相由原色、间色和复色来构成，即为纯色。

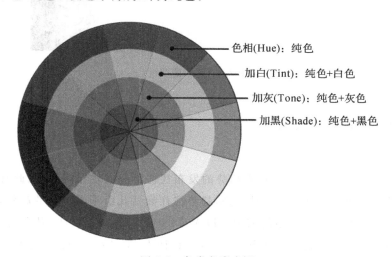

图 2-5 各类色彩术语

（10）加灰（Tone）。加灰是指纯色上加一定比例的灰色。

（11）加白（Tint）。加白是指纯色上加一定比例的白色。

（12）加黑（Shade）。加黑是指纯色上加一定比例的黑色。

（13）饱和度（Saturation）。饱和度是指色彩的鲜艳程度，也称色彩的纯度。饱和度取决于该色中含色成分和消色成分（灰度）的比例。含色成分越大，饱和度越大；消色成分越大，饱和度越小，如图 2-6 所示。

图 2-6 色彩的饱和度

（14）明度（Value）。明度是指色彩的亮度深浅，如图 2-7 所示。

图 2-7 色彩的明度

2.2 色彩趋势预测

色彩趋势每年发布两次，色彩趋势的发布往往早成衣发布两年，因此其对市场的影响是一个渐变的过程。同时，色彩趋势往往涵括几组不同类型的趋势，以迎合不同消费群对不同产品类型的需求。以 WGSN 发布的 2017/2018 秋冬色彩为例，其共发布了 4 组流行色彩趋势预测，分别为设计志、尘世卷、夜行曲、进化论四个主题。如图 2-8 所示。

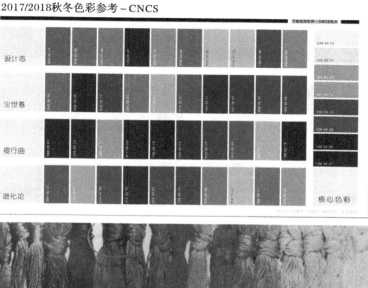

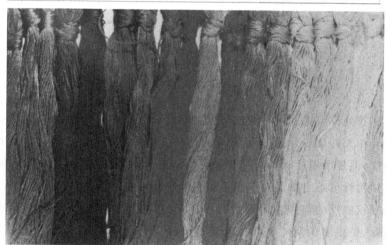

图 2-8 四个色彩主题与纱线染色效果

2.3 色彩循环与历史

色彩的变化是有规律的,并且是一个循环的过程。从英国时尚预测机构 WGSN 发布的 2009 年春夏到 2019 年春夏的 21 个色彩演变报告中提取粉色的颜色变化并按时间顺序排列,可以很明显看出粉色在这十年中的变化是个起伏循环的过程,如图 2-9 所示。

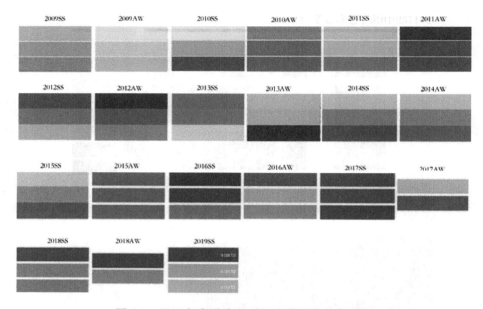

图 2-9　2009 年春夏季至 2019 年春夏季粉色演变

美国证券分析家拉尔夫·纳尔逊·艾略特（R. N. Elliott）根据股市波动的变化提出了一套相关的市场分析理论,精炼出市场的 13 种形态或波浪,在市场上这些形态重复出现,但是出现的时间间隔及幅度大小并不一定具有再现性。而后他又发现了这些呈结构性形态之图形可以连接起来形成更大的同样形态的图形。于是,他提出了一系列权威性的演绎法则来解释市场的行为,并特别强调波动原理的预测价值,这就是久负盛名的艾略特波浪理论。艾略特波浪理论（Elliott Wave Theory）是股票技术分析理论的一种,认为市场走势是一种不断重复的模式,每一周期由 5 个上升浪和 3 个下跌浪组成。艾略特波浪理论将不同规模的趋势分成九大类,最长的超大循环波（Grand Supercycle）是横跨 200 年的超大型周期,而次微波（Subminuette）则只覆盖数小时之内的走势。但无论趋势的规模如何,每一周期都由 8 个波浪构成这一点是不变的。这个理论的前提是:股价随主趋势而行时,依五波的顺序波动,逆主趋势而行时,则依三波的顺序波动。长波可以持续 100 年以上,次波的时间相当短暂。

2.3.1　波浪理论的基本形态与特征

艾略特对周期的划分、斐波纳契数列以及道氏理论的综合构成了波浪理论的理论基础。尤其是周期的划分,是波浪理论产生的最关键要素。艾略特将股价波动中大的运动周期划分为时间长短不同的各个周期,并指出在大的周期中存在可细分的更小的周期。无穷无尽的周期划分中存在一个最基本的单元和形态,当符合这一基本形态的运动完结后,说明一个周期已经结束并进入另一个新的周期。每个周期无论时间的长短,都是以最基本单元的模式和形态进行的。对艾略特波浪理论的理解和运用需要了解三个关键元素:①波浪的形态;②浪与浪之间的比例关系;③浪与浪之间的时间间距。这三者的重要程度依次降低。

艾略特的波浪理论指出,股市的波动是由无数个小浪组成的大浪的循环运动,其基本单位是八浪循环,而一个完整的八浪循环正是由五浪驱动和三浪调整构成的。在最初的八浪循环结束后,一个相似的循环会接着发生,这样会形成不断扩大浪级的新的循环。由于波浪的这种不断循环运动可以形成不计其数的新的浪级,因此在艾略特的波浪理论中,他将股市运动中的波浪级数分为九级,并针对最大至最小的波浪给予不同的名称,分别是:特大超级循环级(Grand Superrcycle)、超级循环级(Supercycle)、循环级(Cycle)、基本级(Primary)、中型级(Intermediate)、小型级(Minor)、细级(Minute)、微级(Minuette)和次微级(Subminuette)。同时,在最基本的驱动浪和调整浪的形态上,艾略特还细分出13种基本变体,加入了延长浪、倾斜三角形、终极倾斜三角形等概念,使得波浪的运动更加复杂。在复杂的波浪形态中,弄清浪的级别和波浪所处的波段是进行推理分析的关键点。针对这一问题,艾略特提出在没有出现倾斜三角形的变异形态时,数浪有两条基本规则:首先,在驱动浪中,第三浪(第三驱动浪)永远不是三个驱动浪(第一、三、五浪)中最短的一个浪。在股价的实际走势中,通常第三浪是最具有爆炸性的一浪,也经常会成为最长的一个浪。其次,第四浪的底部不可以低于第一浪的浪顶,这也代表着第四浪和第一浪的上下波动范围不会出现交叠的情况。除开数浪规则外,艾略特还对理想中的八浪结构做了相关的说明,这些说明从社会、文化、心理的层面评述了引起波浪前进或调整的动因,这一说明被称为波浪个性的观点,也是波浪理论的重要扩展。

艾略特波浪理论不仅认为市场的前进是一种规律性的有向运动,同时波浪形态的具体结构也是有据可循的,再复杂的波浪结构都会反映出斐波纳契数列的特征来。

斐波纳契数列是一系列有着恒定关系的数字,数列中任何两个相邻的数字之和形成了序列中下一个更大的数字,直至无穷,数列中任何两个连续数字的比率是相通的。斐波纳契数列的比例表反映的是我们所熟知的黄金比例。艾略特判定股票市场波动正是基于斐波纳契数列所反映的一种黄金螺线式的状态。无论是调整浪与前一个波浪的回撤比还是驱动浪与调整浪的倍数都与斐波纳契数列相关。相关的研究人员认为,股价的波动曲线中会出现如此多的斐波纳契数列,是因为波浪理论所要解释的股票市场反映的是大众的社会心理状态和趋势,人类的这种活动路线既不是沿直线发生的,也不是随机发生的,更不会是机械的循环,而是一种自然界更青睐的形态,也就是黄金比例所体现出来的和谐法则。

2.3.2　波浪理论对流行色的借鉴性与差异

股市波动与流行色波动现象有着很多的相似性,这些相似性也为在流行色预测领域引入艾略特波浪理论提供了可能性。首先,股市和流行色的发展都存在有波动的现象。它们的发展并非维持不变或进行简单的、单方向的线性运动。艾略特强调股市的指数和价格变化由驱动(上升)和调整(下落)两个基本变量组成,且呈现交替出现的现象。而服装中的色彩之所以能成为流行色,也必须同时拥有流行与不流行这两个发展过程,若一直维持着流行或一直呈现不流行的态势,则变成常用色或失去了预测的价值。流行色的变化是不断交替出现流行与不流行两个阶段的现象。其次,推动股市波动与流行色波动的影响因子非常相似。股市的变化与投资群体的心理与交易技术、发行股票的公司的经营情况等因素有密切的关系。供需关系和各种经济、政治因素的影响使得股市的波动既遵循着大众的投资心理做规律性的变动,也可能受到重大外因的影响而出现非预期的价格变动。而流行色的变化同样受到消费、审美心理和社会因素的共同影响。引发股市与流行色波动因素的相似性使得这两者的波动现象具有共同点,即既呈现渐进式探求其变化规律的特点,又存在突变的情况。再次,股市波动与流行色波动都认可周期变化的现象。这是股市波动以及流行色波动变化有迹可循的重要因素。尽管经济学和流行领域都将这一规律性的变化定义为周期运动,但这一周期与数理上的相关概念有着一定的差别。原则上的周期指的是物体(或物体的一部分)、物理量完成一次振动(或振荡)所需的时间,理论上周期的时间是固定的。但在股市和流行市场中,这一周期变化只强调振动发生形态的相似性和重复性,并不要求每次的时间是等同的。在流行色理论中,往往会针对周期给定一个变化区间。

根据 WGSN 发布的 2017 春夏色彩演变报告,可以发现色彩趋势的演变过程为:2016 春夏为柔美漫射的红色,在 2016/2017 秋冬过渡成甜腻的番茄红,到了 2017 春夏是抢眼的新兴色彩——钢铁红、黏土红与珊瑚红与其相中和,如图 2-10 所示。

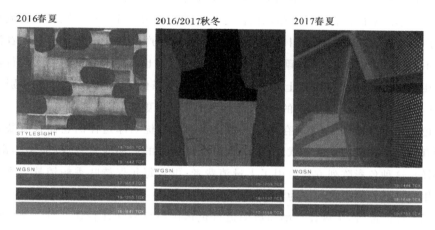

图 2-10　流行趋势中红色的逐年变化

2016 春夏清淡的黄色在 2016/2017 秋冬过渡成荧光黄和金黄色,在 2017 春夏演变为冰冻果子露黄色,拥有柑橘色调的清新感以及日落时的温暖基调。如图2-1所示。

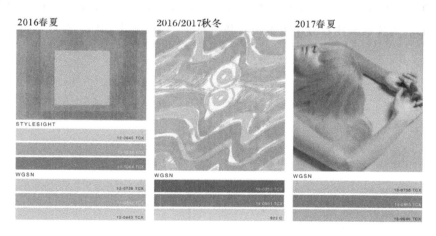

图 2-11　流行趋势中黄色的逐年变化

2.4 色彩趋势预测及其市场应用

流行色在一定程度上对市场消费具有积极的指导作用。

每一季最新的流行色总会带动由流行色推动的相关产业发展。吸收最新流行色的新产品能够吸引消费者的目光，并且结合流行色的产品往往身价百倍。随着流行色的不断更替变换，人们对于颜色的选择也会改变，这也必然导致不再处于流行色顶端的相关产品在受欢迎程度上遭遇冷落，随之价格降低。在国际市场上，特别是欧美、日本等一些消费水平很高的市场，流行色的敏感性更高，作用更大。

色彩应用与价格、品牌间存在一种隐性关系。如优衣库这样的仓储式服装品牌将所有的产品按色彩渐变方式进行陈列，由于优衣库的产品线宽且深（品类丰富、色彩多样），这种色彩陈列方式吸引了大量消费者；再者每年保持旺季畅销款当季流行色应用的产品开发模式也成为该品牌产品开发的特色。

纵览国际品牌，大牌设计师品牌的流行色运用与反应往往较快。每一季的流行色多出现于设计师品牌的橱窗中作为出样款式吸引消费者的关注，且身价百倍。反之，过季产品或折扣区中陈列着的产品往往多为过季的款式或过时而老旧的色彩。

可见，流行色与价格、品牌档次间似乎存在着一种正相关关系。

消费群体的差异带来偏好、价格接受能力的差异，因而又影响该群体的时尚选择。所以，需要从整体趋势中汲取适合该群体的面料、款式、细节、廓形。如图 2-12 所示。

图 2-12　综合消费者、色彩、面料、图案等多个方面的趋势板

2.5 色彩心理学

色彩通过视觉刺激和色彩的象征性影响消费者。色彩心理学研究的是从视觉开始,到知觉、感性、记忆、意志等内容,消费者受到色彩影响的复杂过程。色彩的应用,很重视这种因果关系,即由对色彩的经验积累而变成对色彩的心理规范,受到什么刺激后能产生什么反应,都是色彩心理学所要探讨的内容。在东西方文化差异背景下,同样的色彩给人带来的心理感受是不同的,比如白色,在东方象征葬礼、不祥等;而在西方往往意味着纯洁、婚礼,如图 2-13 所示。

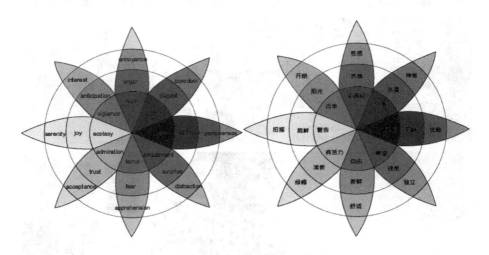

图 2-13 不同色彩的心理感受

(1)红色(Red)。红色是人们最早命名的颜色之一,也是三原色之一。在中国,红色属于五行色彩之一,属于传统意义上的"高级"色彩,是吉祥、喜庆、进步的象征。比如春节时要挂红灯笼、贴红底春联、红底福字,结婚时要"十里红妆"迎亲、穿着红色喜服、张贴红色双喜字,带有庆祝情绪的场景中都少不了红色。

但在西方传统文化中红色是鲜血的颜色,与人类热血沸腾的情感密切相关,是人类生命正面或负面情感的主打颜色,比如人们会因为尴尬、害羞、激动、愤怒而脸红,会因为吵架面红耳赤,因为这时血液会涌向头部。不过,红色也是火的颜色,火能够抵抗寒冷、驱赶黑暗,所以也是能够让人感到温暖的色彩。在寒冷的俄罗斯,红色与"宝贵""美丽"的意义是一样的。也正因为红色是鲜血和火焰的颜色,所以红色也象征着战争、暴力和血腥,带有警示的作用,直到 19 世纪末红色仍是欧洲士兵制服常用的颜色,红色也是旗帜、标志中的常用色。如图 2-14、图 2-15 和图 2-16 所示。

图 2-14　"中国红"灯笼　　图 2-15　D&G:T 台中的　　图 2-16　西方黑魔形象中的
　　　　　　　　　　　　　　　　　　红色应用　　　　　　　　　　红色

　　(2)白色(White)。白色是一种非色彩的颜色,在中国文化中,白色与红色相反,是一个忌色。在中国传统的道教"四象"中西方对应白虎,是刑天杀神,主肃杀,因此白色是枯竭、无生命、无血色的表现,象征死亡、凶兆。白色是中国办理丧事的主色调。但同时也具有贤明、清正、简单、纯洁这类褒义的象征意义,例如成语中有白璧无瑕、阳春白雪;但又将阅历不深的文人称作"白面书生";知识浅薄、没有功名的百姓叫做"白丁"。

　　在西方国家的传统认知里,白色是完美、理想和优秀的色彩,是纯洁无暇的象征,基督教中白色是复活的色彩,在伊斯兰教中也将白色视为圣节的色彩。从维多利亚时期到现在将近 200 年,新娘结婚时最流行的婚纱色彩依旧是白色,婚礼的主题色也常常是白色,代表着高雅纯洁。白色是一种自谦、精细、轻盈、带有创造性和未知性的色彩,白色也是现代医院的主要色彩,医生的白大褂、护士的白色制服、白色的消毒棉球和纱布,带着一种洁净的感觉,但想到死者和幽灵时通常也离不开白色。如图 2-17和图 2-18 所示。

　　(3)黑色(Black)。黑色也是一种非色彩的颜色,是世界上最深的颜色,绝对的黑色在物理学中指不发光物体的颜色,能够吸收所有光线。黑色也是中国五行学说中对应的色彩,是一种庄重而神秘的色彩。古代的秦朝崇尚黑,黑色是国色,从天子服

图 2-17　西方婚礼中白色的运用象征纯洁　　图 2-18　东方葬礼中的白色孝服

饰到军队旗帜、建筑风格皆是黑色为主,给后人留下沉稳、大气、神秘的想象。中国历史上著名的包公以"黑脸"闻名,黑色代表着他刚正不阿、严肃正义的形象。

　　但在东西方的文化交流和社会发展中,黑色的意义越来越丰富。对于大多数文化而言黑色是丧事的颜色,带有许多邪恶、阴险、灾难、违法等负面的情感,比如形容一个坏人经常说他"黑心",用"黑店"形容干不法勾当的商店;站在社会法制对立面的人群通常称作"黑帮",如意大利的"黑手党";一些中文里不用黑字形容的负面词汇在英文中都用黑色形容,例如邪恶的目光(Black Look)、敲诈勒索(Blackmail)、不吉利的话(Black Word)、污点(Black Mark)、败家子(Black Sheep)、前途暗淡(The Future Looks Black)等。但在现代设计中黑色又是一种极具创造力的个性化色彩,代表着另类、简单、独立。如图 2-19 和图 2-20 所示。

图 2-19　日本黑社会的黑色制服　　图 2-20　西方葬礼中的黑色

（4）黄色（Yellow）。黄色也是互相矛盾的颜色，带有光明、太阳、黄金、健康的积极意义，也具有受到排斥、自私自利的象征。黄色在中国道教的五行学说中对应土，也是土地的颜色，在中国古代社会一度成为皇室的象征，从唐朝开始直到清朝结束黄色的龙袍代表着至高无上的皇权，在印度黄色也是统治者和天神的色彩。黄色是太阳的颜色，表示着乐观、明朗；黄色也是黄金的颜色，但在形容褒义的事物时通常使用金色，比如金黄的麦穗、金色的果实、金色的秋天都是带有幸福感觉的描述。

也正是与黄金同色，黄色带有财富、奢侈甚至吹牛的色彩，更进一步的负面印象就是嫉妒、猜忌、苦恼。在欧洲历史中曾规定娼妓必须佩戴黄色头巾；异教徒被处决时会被挂上黄色十字架；黄色被宣布为被排斥的犹太人的色彩，甚至在第二次世界大战时纳粹依然要求犹太人佩戴黄色标志。在现代社会中，醒目的黄色也是国际通用的警示色彩，表示禁止、警告、危险的标志多用黄色表示，比如交通标志、易燃易爆和有毒物品的标志，足球赛场上也用"黄牌"警告犯规的选手，如图 2-21 和图 2-22 所示。

图 2-21　象征皇权的黄色龙袍　　图 2-22　象征背叛的穿黄色服装的犹太

（5）绿色（Green）。绿色在大部分人眼中代表着自然。在现代人的心理中，绿色代表着健康、青春和新鲜，如图 2-23 所示。在中国传统文化中，绿色代表着侠义和恶野，这两重性定义。另一种就是长寿和仁慈，绿色作为一种萌芽现象的色彩，象征着生命，而生命来自于女性的生育。这虽然现今女性和绿色的联系渐渐被人遗忘，但在中国的传统观念中，绿色被称为男女之中"阴"和"阳"的代表色，所以有了"绿帽子"这一说法。如图 2-24 所示。而绿色在味觉上给人一种酸涩清爽的感觉。但是在食物中绿色除了代表健康之外还代表着危险,大多数的毒药如砷、绿铜屑都是绿色的。除此之外,绿色的荧光性很强,充满了神秘色彩,过去的炼丹术士所使用的"绿龙"就是绿黄色的氯气液体。在西方文化中,绿色象征着希望,在很多宗教绘画中,耶稣基督被画为绿色,在宗教中表示赎罪。

　　图 2-23　绿色的植被与鸟　　　图 2-24　中国文化中象征妻子不贞的"绿帽子"

　　(6)紫色(Violet)。由红色和蓝色融合而成的颜色,紫色光是人类能在光谱中可见的最短波长的光。在中国民间传说中,天帝所居住的宫殿为"紫微宫"(星座),因此在中国传统观念中,紫色象征着高贵、祥瑞。而在人群中掌握最高权力的皇帝和以天帝为信仰的道教中都是以紫为贵,以紫为瑞。紫色被认为是无节制的色彩,与金色相比有过之而无不及。在中西方对紫色染料的制取都十分艰难,中国古代一般以植物染料为主,去紫草根茎所制,且色彩难以分解,致使价格十分昂贵,只有皇宫贵族才有能力织衣穿戴。西方工业文明时期以前也是奢华的使用紫螺分泌物,制取出一种泛着蓝光的普紫色(见图2-25)。紫色更是代表了感性、智慧、理智与放弃。作为一个具有魔力的色彩,紫色象征着艺术的风格化、人造,经常被青春艺术风格作为装饰色彩。

图 2-25　西方贵族服饰中的紫色

（7）蓝色（Blue）。蓝色是橙色的互补色，代表着热情的橙色，与之相反的就是代表冰冷的蓝色。蓝色作为人们最喜爱的颜色，它象征着美好、友谊、和谐。蓝色经常引起人们心里最感性和最理智的地方，渴望、信任的色彩心理让人觉得蓝色是一种目标遥远却又具有安全感的色彩体验。在西方的观念里蓝色代表忠诚，在西方婚姻仪式中需要说"something blue"也就是忠诚。所以蓝色更会被运用于象征荣誉的地方。更多的地方，和月亮一样，蓝色也代表着女性，红色代表男性，在很多西方的基督教绘画作品中可以看到玛丽亚圣母圣上穿戴的衣物蓝色远远多于红色。

图 2-26　河流中的蓝色

（8）粉红色（Pink）。粉色作为一种极具女性色彩的颜色，是由红色变异而来的，粉色是一个带有温柔性质的情感色彩。在中国古代粉色被称为桃色，韩元吉的《六州歌头》有诗吟致"东风著意，先上小桃枝。红粉腻，娇如醉，倚朱扉。"这种象征醉人的美感与暧昧。粉色给人感觉弱小、娇嫩和柔软，所以粉色是最具有浪漫主义的色彩。在西方上流社会中，精致的物件和高层次的社交活动中，粉色和金色的搭配成为处处可见的色彩。粉色经常被允许用在丝绸等高级的柔软织物上，以此增加服装时尚风格。如图 2-27 所示。

图 2-27　浪漫主义风格的粉色服装

2.6 色彩地理学

色彩地理学的提出者是法国的让·菲利普·郎科罗（Jean Philippe Lenclos）教授。他是世界上第一个从色彩角度向发达的工业社会提出保护色彩和人文环境的人。

色彩学是研究人的视觉与色彩产生关系的自然现象的科学。色彩地理学是将色彩学与地理学联姻而建立起的一门边缘学科，成功地促进了跨专业操作的色彩设计方法在色彩学、色彩设计界的推广，使得职业化的色彩设计师日益从专业设计师的队伍里分化出来。在色彩设计的过程中，自然、人文环境因素对区域人群色彩审美心理的影响越来越受到关注。

色彩地理学可笼统地分为三块主要内容："景观色彩特质"概念为城市色彩研究奠定了基本理论，"色彩家族学说"为色彩审美构成提供基本原则，"新点彩主义"为色彩营造提供一种技术方法。色彩地理学主张对某个区域的综合色彩表现方式（主要是民居）做调查与编谱、归纳的工作，目的在于确认这个区域的"景观色彩特质"、阐述这个区域居民的色彩审美心理。

色彩地理学的研究方法通常为：以调查、测色记录、取证、归纳、编谱、总结色彩地域性特质等实践方法为主要研究形式，综合某一区块色彩调查的结果，总结出该地域的色彩构成情况，以便让人们了解如下特征：认识该区域的色彩特质；为维护景观色彩特质提供现实依据；为其他项目的色彩设计提供案例；比较与其他地域的色彩差异性，引导人们学会多样性地认识自然与人文景观。

在研究流行色时，人们往往忘记了相对于流行色的非流行色要素。景观色彩特质其实就是特定地域中相对稳定的非流行色要素。它反映了特定地域中人们比较稳定的传统的色彩审美观念。当设计师具有这种"色彩地理学"意识，就很容易把握产品销往国家和地区的消费者喜好的基本心理，有效地控制色彩设计风格流行趋势。

世界上第一套正式由市一级政府色彩规划机构组织进行的都市色彩调查报告——东京色彩调察报告，是在1970—1972年间完成的，目的是解决第二次世界大战后日本复兴建设时期，在传统景观和现代建筑的入侵发生矛盾的时候，寻求合理解决的方法。这份报告成为后来东京城市发展色彩设计规划的重要依据。如图2-28所示。

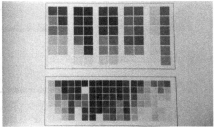

图 2-28 东京色彩规划

日本 PLANT 发电厂位于海边,在设计时充分考虑了开阔的滨海环境,在色彩上,用明亮的白色作为主要基调,与天空和大海色彩相呼应的蓝色、绿色作为辅助色彩。室外设备外形庞大简单,通过色彩进行图案化分割,减少了单调和压迫感,使整个厂区变得生动和具有人情味(见图2-29)。

图 2-29 日本 PLANT 发电厂

我国对城市的色彩规划起步较晚,1999 年宋建明教授编译的《色彩设计在法国》是开始将西方色彩地理学概念引进中国的读本,在国内城市地理色彩研究领域引起了较大的反响。

位于河北省西北的张北城是中国首个进行县级城市色彩规划的案例,它地处内蒙古与河北交界,是著名的坝上草原之"坝头",既有汉民族的文化传统,又受到蒙古文化的影响,日照时间长,蓝天清澈通透,环境色彩鲜明,也具有特色鲜明的草原地域特征。经过多次对张北地区进行城市风貌、景观、文化的定位以及对张北地域色彩、人文历史惯用色彩、草原环境文化特征的深入调研与分析(见图 2-30),并进行反复调研与科学的色彩提炼,最终确定"浓淡橙彩"作为张北的城市色彩基调(见图 2-31)。

图 2-30　对张北城市进行的色彩提炼

图 2-31　张北城市的色彩基调规划

　　秋水山庄是 20 世纪 30 年代我国报业巨子、《申报》报主史量才以他的爱妻沈秋水命名而建的江南庭院式建筑。而杭州新新饭店作为现秋水山庄的托管方未向文物部门报备将秋水山庄"涂脸"。图 2-32(a)是秋水山庄的旧照,照片上秋水山庄的墙面

图 2-32　杭州秋水山庄色彩改造引发的争议与问题

斑驳,门楼上是淡黄色墙体,秋水山庄 4 个灰色大字显得有些破旧。图 2-32(b)中,门楼的墙面变成了鲜黄色,秋水山庄 4 个字变成了红色。黄墙红字明亮鲜艳,违背了历史建筑保护的常识,与整体建筑的色彩相比显得很突兀。尽管杭州市园林文物局给出了补救方案[见图 2-32(c)],但仍与周边建筑色彩相比显得突兀,突兀的颜色隔断了历史的文脉,失去了古建筑起码应有的美感和历史价值。

2.7　粉色追踪

2.7.1　经济、政治、文化背景

1.经济背景

第二次世界大战结束至今,经济全球化发展迅猛,世界各国之间经济联系愈加密切。随着纺织技术的进步和市场的分化,以美国为中心的服装成衣业发展迅速,许多欧洲老牌时装屋也陆续展开成衣化业务,服装产业迅速发展。

2.政治背景

20 世纪上半叶经历了两次损失惨重的世界级大战后,许多被殖民国家独立,加之第三世界崛起,和平呼声强烈。世界格局由美苏冷战的两极模式,慢慢向多极化模式转变。全球的政治经济联系愈发密切,为时尚的发展提供了良好的土壤。

3.文化背景

两次世界大战后,由于全球经济和政治的发展,各国之间的文化交流也越来越多,促生了多种多样的艺术文化。比如反对战争、呼唤爱与和平的嬉皮士文化,围绕着重金属音乐和声嘶力竭的呐喊的摇滚乐文化,源自美国黑人的街头嘻哈文化。这类文化对于服装产业的影响是巨大的,因此衍生出各种各样的服装风格,比如波西米亚风、朋克风、嘻哈风等。因为多样的艺术文化,所以服装产业的发展也愈加红火。

2.7.2　粉色发展的历史轨迹及案例分析

粉色是被人类使用了千百年的颜色,具有温柔、娇嫩、温暖的感觉,甚至被当做女

性化的颜色。在中世纪的欧洲,粉色其实是小男孩的颜色,代表勇敢,而象征纯洁的蓝色才是女性化的颜色。直到 20 世纪上半叶的两次世界大战,粉色才被慢慢定义为女性的色彩。下面将从洛可可时代起,讲述粉色的发展轨迹。

1. 洛可可时代到第二次世界大战时期的粉色

1767 年,法国画家弗拉戈纳尔创作了油画《秋千》(The Swing)(见图 2-33),画中的贵族少妇穿着橘粉色的裙装在公园里荡秋千,画面轻佻俗艳,但粉色的裙装在深绿色的背景下尤为惹眼。

此时,法国的宫廷中正流行着蓬巴杜夫人引领的洛可可风尚。这个时期粉色被大量使用在男女服装上:繁复的荷叶边,轻柔的面料,色彩娇艳明快,多嫩绿、浅蓝、粉红、猩红,如图 2-34 所示。

图 2-33　油画《秋千》　　　　图 2-34　洛可可时期插画

其实在 20 世纪初期,粉色一直没有被当作女性化的色彩,而是有不少男性也会选择穿粉色。莱昂纳多在电影《了不起的盖茨比》中的男装都由美国布克兄弟(Book's Brother)提供,布克兄弟是 19 世纪 20 年代有名的衬衫店,盖茨比每年让一位英国绅士去店中取 2 次衬衫,其中就有粉色衬衫。

1937 年,意大利设计师艾尔莎·夏帕瑞丽(Elsa Schiaparelli)将超现实艺术融入了时装设计。在 20 世纪 30 年代,她最有革命性的时装设计就是裙装上一抹闪电般耀目的粉,被称作"惊人的粉红色(The Shocking Pink)"(见图 2-35 和图 2-36)。后来这抹耀眼的粉色也成为 Schiaparelli 高定屋的标志元素。

图 2-35　夏帕瑞丽龙虾裙

图 2-36　夏帕瑞丽粉色连衣裙

　　第二次世界大战时期,在德军纳粹关押犯人的集中营里,他们用不同颜色的倒三角形臂章区别犯人的"犯罪类别"(见图 2-37)。比如犹太人用黄色臂章,政治犯用红色臂章,同性恋就用粉色臂章,如果又是同性恋又是犹太人就佩戴黄色加粉色臂章。后来在同性恋平权运动中,人们将翻转的倒三角形变成正三角形,成为除彩虹旗外最有标志性的象征,提醒世人不要让悲剧再发生(见图 2-38)。

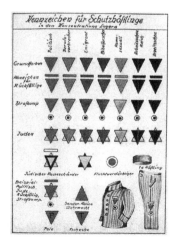

图 2-37　纳粹集中营的三角形臂章

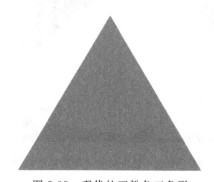

图 2-38　现代的正粉色三角形

2.第二次世界大战后疯狂的粉色效应

第二次世界大战后,由于战争带来的女性地位的变化,以及商品经济的发展、好莱坞文化的影响,粉色逐渐被视作女性化的色彩。下面列举几个对粉色时尚影响较大的人物和例子。

(1) 玛米-艾森豪威尔(Mamie Eisenhower)

1953 年,美国总统德怀特·戴维·艾森豪威尔(Dwight David Eisenhower)就职典礼前夕,第一夫人玛米·艾森豪威尔身着镶满水钻的淡粉色大摆晚礼服,搭配同色长手套,与战时妇女们工作时所穿的工装形成鲜明对比(见图2-39)。好像整条裙子的每块布料都竭力在说"现在男人们回家了",女人可以回归自己的传统角色啦。当然,玛米对这一理念身体力行——她曾说:"艾克领导这个国家,我煎猪排!""我有我的事业,那就是艾克。"玛米绝对是粉色的钟爱者,不仅仅在各种场合穿着粉色的礼服和套装,就连居住的白宫里也有粉色的家具、粉色的厨房。在艾森豪威尔当政期间,由于白宫的室内装饰用了太多的粉色,甚至被人们笑称为"粉宫"。

图 2-39　玛米·艾森豪威尔身穿粉色礼服　　　　图 2-40　简·曼斯菲尔德杂志封面

（2）简·曼斯菲尔德（Jayne Mansfield）

与此同时,好莱坞女明星简·曼斯菲尔德也不断表达出对粉色的钟爱（见图 2-40）。她的生活基本被粉色包围,粉色的婚纱、粉色的汽车、粉色的豪宅、粉色的地毯,甚至连宠物狗都染成粉色。她解释说,这是因为"男人们喜欢女孩穿粉色,它使女性显得娇弱无助"。简这样的言论,加上玛米的总体态度,令人们在脑海中将穿粉色衣服的女人与娇贵精致联系了起来。

（3）玛丽莲·梦露（Marilyn Monroe）

1953 年,由霍华德·霍克斯执导,简·拉塞尔、玛丽莲·梦露主演的电影《绅士爱美人》中,玛丽莲·梦露饰演一位拜金的歌舞女郎,身穿粉红色的礼服在一群绅士中游走,打算钓一位金龟婿,并给出"钻石是女人最好的朋友"的言论。如图 2-41 所示。一身粉衣的玛丽莲·梦露让人为之倾倒,立刻成为许多姑娘的效仿对象。

图 2-41　玛丽莲·梦露在电影中的剧照（身穿粉色小礼服）

（4）奥黛丽·赫本（Audrey Hepburn）

1957 年,好莱坞推出由奥黛丽·赫本、弗雷德·阿斯泰尔、凯·汤普森等主演的歌舞电影《甜姐儿》。片中将女性的粉色气息渲染得更加浓重,奥黛丽·赫本穿着粉色裙装的样子,也成为她被后世认可的经典造型之一（见图 2-42）。凯·汤普森（Kay Thompson）饰演的是当时的"时尚女魔头"戴安娜·弗里兰（Diana Vreeland）,曾在《Harper's Bazaar》任职 23 年,后来成为美版 Vogue 的主编,是以安娜·温图尔的前任为原型的时尚编辑,在剧中她就声称每个女人都必须"把蓝色逐出衣橱,把黑色衣服都烧掉"! 这个说法看似疯狂,但也可以理解,因为就在电影上映几年之前,黑色的丧服和蓝色的工装是当时的女性最常穿的服装。她的这种言论也适应了当时美国国民的情绪,她唱道:"如今的女性"一定得想着粉色,粉色"!（见图 2-43）。

图 2-42　奥黛丽·赫本在剧中的打扮　　　　图 2-43　凯·汤普森所饰演的时尚编辑

　　虽然现代女性似乎难以理解当时女性对粉色的狂热,甚至感受到物化女性的不平等感,但是在刚刚结束第二次世界大战的家庭妇女看来,脱去简陋的工装和黑色的丧服,不再去肮脏的工厂忙忙碌碌工作,换上美丽的衣服在家生儿育女,回归战前的精致生活,是她们所希望的。所以,在战后的一段时间里,数量惊人的粉色服装和家居用品被生产出来并被消费掉,时尚画报和杂志中也不断推出粉色的产品,甚至出现了粉色的卫生棉。

　　后来随着女权运动的兴起,粉色这种表示娇弱女性的色彩逐渐被独立的工作女性所厌恶。有一段时间在市场上几乎见不到粉色的产品,但是一些女性发现粉色除了娇弱外,也能够有其他的意义。

　　1963 年,唐娜·梅·米姆斯(Donna Mae Mims)成为第一个获得美国赛车俱乐部的女选手,并称自己为"粉红女郎"(Pink Lady)(见图 2-44)。琳恩·派瑞尔(Lynn Peril)在她的著作《粉色思维》(Pink Think)中提到"米姆斯女士有胆识与男性同场竞技并获胜,而粉色有助于化解对她的'胆大妄为'的批评,它提醒那些旁观者:在内心深处,她也是一个邻家女孩"。

图 2-44　唐娜·梅·米姆斯与她的粉色赛车

3. 20 世纪后半叶至今的欧美粉色时尚

在一阵粉色热潮退去后,消费者对粉色有了更理智的判断。虽然粉嫩嫩的颜色依旧被认为是女生所爱,难以脱去性别化的标签,但随着时间的推移,有关粉色的设计也显得更加丰富多彩。下面主要从时尚中的粉色以及建筑、家居中的粉色进行案例分析。

(1) 时尚中的粉色

1998 年,名模凯特·莫斯(Kate Moss)为拍摄一组范思哲(Versace)独家时装片染了一头粉色头发,但一周后就为拍摄 Calvin Klein 而染回了棕色。就在染发的当天,摄影师于尔根·特勒(Juergen Teller)为她拍下了一张后来成为 20 世纪 90 年代经典画面的照片(见图 2-45)。

2003 年,名媛真人秀《简单生活》让全世界见识了帕丽斯·希尔顿(Paris Hilton)和尼科·里奇(Nicole Richie)奢靡的名媛生活,以及她们对于粉色的钟爱(大量粉色的饰品、服装、家居产品甚至汽车和狗狗)。由于她们经常穿着 Juicy Couture 的粉色天鹅绒套装(见图 2-46),所以这个牌子的套装也从这段时期红起来,被全球少女追捧。这套天鹅绒睡衣也被称为该品牌的经典产品。

图 2-45 粉发的凯特·莫斯

图 2-46 一身粉色套装的
帕丽斯·希尔顿

2005 年，一座巨大的荧光粉盒子在洛杉矶的梅尔罗斯大道上平地而起——Paul Smith(保罗·史密斯)的洛杉矶店，无疑是全世界最抓眼球的商店之一(见图2-47)。而直到最近几年，这间粉色的店才成为洛杉矶的热门观光点，特别是对于喜爱粉色的人们来说，这是不得不去的一个"打卡点"。

图 2-47 Paul Smith 在洛杉矶的商店

2007 年，时尚潮人最爱的 Acne Studios 将购物纸袋换成了粉色(见图2-48)，映衬着品牌曾经的黑色 Logo。Acne Studios 的创意总监说，购物袋颜色的灵感来自前一天放在桌上的三明治包装纸。之后，粉色也成为 Acne Studios 的一个标志。

图 2-48 Acne Studios 的购物袋和包装盒

2012年，Mansur Gavriel推出了后来成为"超级IT bag"的经典水桶包（见图2-49），而内衬则是鲜艳的粉色。品牌设计师表示这一对比色的设计灵感，正是来自挚爱粉色的建筑师路易斯·巴拉甘。这款水桶包也成为这个牌子的经典款式。

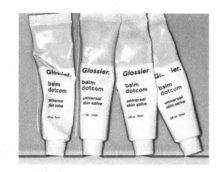

图 2-49　Mansur Gavriel 水桶包　　　　图 2-50　Glossier 的粉色产品

2013年4月，美妆网站 Into The Gloss 的主理人艾米莉·维希（Emily Weiss）推出了美妆品牌 Glossier，全粉红的包装和亲民的价格立刻吸引了消费者的注意力，并迅速在社交网络上传播，很快成为 Instagram 上的当红产品（见图2-50）。

2013年9月，法国老牌时装屋 Carven 推出了一件粉色系带羊毛大衣，因为有明星博主穿着这件衣服，所以很快让"粉色茧型系带大衣"制霸网络关键词搜索（见图2-51）。许多品牌纷纷效仿，这款大衣也成了当年秋季的爆款。

2014年1月，美国女装零售电商 Nasty Gal 的创始人索菲娅·阿莫鲁索（Sophia Amoruso）将自己从辍学生、穷助理一直到服装品牌 CEO 的经历写成了《♯Girlboss》一书，而"Girlboss"这个词也就是从那时候开始流行起来的。当然，《♯Girlboss》的封面底色也是粉红的，让粉红这个词除了柔弱之外，有了某种崛起感（见图2-52）。

图 2-51　Carven 粉色大衣

图 2-52　Sophia Amoruso 自传

图 2-53　Marc Jacobs 2015 春夏季秀场

2014 年初的 2015 春夏季纽约时装周上的最后一天，马克·雅各布（Marc Jacobs）在秀场中央直接建起了一座粉红色的房子，模特穿着新的系列在房屋前穿行，让人印象深刻，过目难忘（见图 2-53）。

2015 年 11 月，色彩权威组织 Pantone 发布"玫瑰粉晶"和"静谧蓝"为 2016 年的年度色彩（见图 2-54），一时间如何穿搭、使用晶粉色的文章铺天盖地，大家都沉浸在这种淡雅柔和的粉色中。

2016 年 1 月，在小白鞋流行多年以后，广受追捧的运动鞋品牌 Common Projects 推出了一双粉色皮革运动鞋（见图 2-55）。加上之前 Raf Simons 和 Adidas 的合作款里也有粉色运动鞋，一时小粉鞋大有取代小白鞋街拍热门单品地位的趋势。

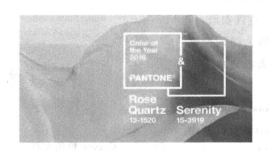

图 2-54　潘通发布的 2016 年年度色彩

图 2-55　Common Projects 的小粉鞋

2016 年 9 月，继早春系列中三个全粉色造型之后，Gucci 将春夏时装秀放置在一个闪耀的粉红盒子里，艳粉色地板、糖粉色丝绒软座、超过 25 万块镜面亮片，整个秀场被布置得闪闪发亮，到处散发着粉色的光彩（见图 2-56）。

2016 年 9 月，Red Valentino 宣布位于英国伦敦斯隆街（Sloane Street）133 号的旗

舰店正式开幕(见图 2-57)。该旗舰店运用粉红色与芥末黄,以及大量几何图案和黄铜衣架,构造出一个充满俏皮活泼的少女气息的空间,胖嘟嘟的丝绒沙发不知俘获了多少女人心,大大增加了消费者的购物欲。

图 2-56　Gucci 2017 春夏秀场　　　　图 2-57　Red Valentino 伦敦旗舰店

2016 年 10 月,美国新兴时尚品牌 Everlane 和买手店 Opening Ceremony 推出了联名系列,主打的即是粉色系羊绒单品(见图 2-58)。Everlane 主推基本款,价格适中,质量优良,靠着口碑在网络走红,成为不少时尚人士的心头好。

2016 年 11 月,Pantone 发布的更近肤色、更柔和的"Pale Dogwood"(淡山茱萸粉)被宣布为 2017 春夏的流行色(见图 2-59)。Pantone 的执行总监 Leatrice Eiseman 认为,这个颜色是"微妙的中立,能够持久流行"。

图 2-58　Everlane 羊绒衫　　　　图 2-59　Pantone 指定的淡山茱萸粉

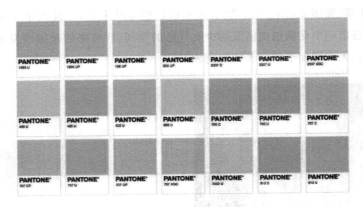

图 2-60 潘通发布的粉色色卡

2017 年春,美国《纽约杂志》直接把几乎要淹没一切的粉色统称为"千禧粉"(Millennial Pink)(见图 2-60),将它恰如其分地归为属于千禧一代的独特色彩,并评价"这是一个俗气而真诚、摩登又怀旧的颜色"。根据潘通色卡中的粉色不难看出,"千禧粉"不似那些艳丽的粉红色,大体上保持在一个具有一定低饱和度但又很亮眼的色彩上。

2017 月 3 日,Fenty × Puma 系列充满了粉色的服装,还有粉色的蝴蝶结缎带拖鞋,更加刺激年轻女性的购物欲。还有同款蝴蝶结运动鞋(见图 2-61),鞋子每款都有粉色、紫色、绿色,当然其中的粉色售卖得最火爆,一发售几小时就卖光了。

（2）建筑中的粉色

粉色建筑并不是现代的时尚风潮,在几个世纪前,已经有不少的教堂建筑都被设计成了粉色。

图 2-61 蕾哈娜(Rihanna)设计的粉色蝴蝶结球鞋

比如 20 世纪初法国建筑师 J. Bourad 主持修建的越南耶稣圣心大教堂,参考了法国巴黎圣母院的结构,整个大教堂从外部建筑到内部结构,都是粉色的(见图2-62)。

图 2-62 越南耶稣圣心大教堂

　　1968 年,墨西哥著名的园林景观设计师路易斯·巴拉干(Luis Barragán)建了座粉红跑马场(见图 2-63),位于色彩缤纷的墨西哥城。跑马场中到处都是深深浅浅的粉色,与湖水、蓝天、白云形成亮丽的色彩对比,相比灰色的钢筋水泥,彩色的跑马场不仅成为建筑史上的壮举,也成为几十年来时尚杂志偏爱的取景地之一。

图 2-63 路易斯·巴拉干建造的跑马场

1973 年,西班牙建了一个粉红色的建筑群,叫做 La Muralla Roja,译为"红墙"(见图 2-64),共包含 50 套公寓,屋顶有泳池,底层有饭店。这个"红墙"是由建筑师 Ricardo Bofill 召集不同领域的专家(包括城市规划师、制片人、音乐家、社会学家、诗人等)一起设计建造的美轮美奂的建筑群。即便过了这么多年,它依旧是许多"粉色爱好者"心中的朝圣地。

图 2-64   西班牙"红墙"

2014 年,电影《布达佩斯大饭店》上映,电影中出现的巨大粉色房屋让许多观众为之心动,也为时尚界带来一股粉色风暴(见图 2-65)。

图 2-65   电影《布达佩斯大饭店》中的建筑

(3) 家居装置中的粉色

室内家居和装置艺术中也不乏粉色的存在。近年来,许多以粉色为主题的餐厅、咖啡厅和甜品店纷纷开幕,吸引不少人前去用餐。从软装到餐具都是粉红色,激发了顾客对粉色的爱意。

2014 年 6 月,在英国艺术家 David Shrigley 和室内设计师 India Mahdavi 的重新打造下,Sketch London 的 Gallery 餐厅变成了粉色海洋(见图 2-66),粉色墙面、粉色天花板、粉色的天鹅绒座椅、粉色的桌布，这家以华丽装潢著称的餐厅就这样成了一个粉色胜地。其实每隔两年 Sketch London 就会将 Gallery 交给不同的艺术家重新布置，但因为粉色的布置受到太多顾客的喜爱，因此被保留了下来。

图 2-66　Sketch London Gallery 餐厅

图 2-67　PIETRO NOLITA 餐厅

2016 年 10 月，Dolce & Gabbana 的前实习生 Pietro Quaglia 在纽约开了一间意大利餐厅 PIETRO NOLITA（见图 2-67）。这间餐厅最吸引人的可能不是意大利面或披萨，而是整间店是由不同材质、共 8 种不同色度的粉色组成的。这样的一家店，相比美味的食物，优雅精致的环境更加吸引消费者，也引来时尚界的关注。

2016 年圣诞前夕，名模 Kendall Jenner 把家里的一面墙涂成了粉红色，并把自己的新粉墙和圣诞树一起发到了 Instagram（见图 2-68）。据 Kendall 说，粉红的墙有助于抑制自己的食欲。这张照片已经收到了超过 140 万个赞。

2017 月 4 日，家具设计师、装置艺术家 Marc Ange 打造的粉色装置"Le Refuge"（见图 2-69）是米兰时装设计周上被拍摄最多的作品。事实上，粉色基本就是 2017 年设计周的最大趋势了，Moroso、Muuto、Normann Copenhagen 等设计工作室都选择粉红色作为他们的设计色彩。

图 2-68　Kendall Jenner 的粉红色墙面

图 2-69 粉色装置"Le Refuge"

有些人,就像玛米·艾森豪威尔和简·曼斯菲尔德一样钟爱粉色,为粉色痴狂,甚至天天穿着粉色,并且把家中的家具和日用品尽量都换成粉色。

当下,最具代表性的就是已经年过半百的美国艺人 Kitten Kay Sera。她穿了 35 年的粉色服装,并且认为自己是只自豪的火烈鸟,而且在她最穷困潦倒的时候也绝不会卖出一件粉色的东西。她的家就是个粉色天堂,任何的东西都只能是粉色,为了这个粉色的世界,她已经花费了上千万元人民币。许多摄影师也会借她的这个粉色世界拍摄照片,比如 Moschino、帕丽斯·希尔顿等,如图 2-70 所示。

图 2-70 Kitten Kay Sera 的家

（4）政治事件中的粉色

2016 年 10 月，网络上盛传特朗普和主持人说了一些有关女性的不雅言论，因此唐纳德·特朗普（Donald Trump）备受关注和争议。在不良风波后，特朗普的老婆梅兰娜身穿一身粉色蝴蝶结套装（与特朗普所说的不雅词汇 Pussy bow 相同）公开亮相（见图 2-71），缓解了矛盾。

2017 年 1 月，美国新任总统特朗普入主白宫不到 24 小时，华盛顿、纽约、芝加哥、洛杉矶等多地爆发人数上百万的妇女大游行（Women's March），许多明星也加入其中，并迅速蔓延到伦敦、巴黎、悉尼等城市。这场大规模游行的标志就是一顶粉色的猫耳毛线帽（Pussy Hat）（见图 2-72）。

图 2-71　特朗普夫人梅兰娜身穿粉色套装　　　　图 2-72　妇女大游行

除此之外，在网络数码产品及社交网络上，粉色势力也是来势汹汹，不容忽视。

2014 年底，"♯palepink"（淡粉色）的标签成为美国社交媒体 Tumblr 上粉色家族里被搜索最多的标签，甚至超过了"♯pink"（粉色）标签本身，于是大家就把 Tumblr 用户热爱的这种粉色称为"Tumblr Pink"（见图 2-73）。Tumblr 的时尚艺术部总监 Valentine Uhovski 形容这种粉红是结合了千禧年未来主义和中世纪理想主义的色调。

2015 年 7 月，美国说唱歌手 Drake 发行新专辑 *Hotline Bling*，Drake 在 MV 里的舞步引起了人们的关注。此外，这张专辑的超简约粉色封面也引发了网友们的关注和热议（见图 2-74）。

图 2-73　Tumblr 粉红　　　　　图 2-74　Drake 的粉色单曲封面

　　2015 年 9 月,苹果公司发布 iPhone 玫瑰金版引发热议(见图 2-75)。因为这款虽然名为玫瑰金,但实则看起来为粉色。不少人怀疑是不是因为苹果公司不想丢失那些害怕、讨厌粉色的消费者,特别是男性消费者,所以才将这款手机的颜色命名为玫瑰金。

图 2-75　苹果发布的玫瑰金手机

2.7.3　日韩的粉色时尚

1.日本的粉色时尚

在日本,时尚受到欧美潮流的影响,同时融入日本当地的特色和审美,发展出与欧美时尚不同的风格。笔者将以原宿的街头时尚为切入点,分析粉色在日本的流行情况。

1979年,迪斯科舞厅成为当时的年轻人夜晚流连的地方。当时的流行元素便是方便身体活动却又强调女性曲线的剪裁,面料也大多选择闪闪发光的布料,形成了Disco Style,闪亮的粉色成为流行(见图2-76)。

1996年,在"安室奈美惠"的热潮之中,作为偶像出道的筱原Tomoe以奇特的打扮迅速拥有了一批忠实支持者,这些效仿筱原Tomoe打扮的人被称为SHINO RER。"SHINO RER"的特征是冲天辫、背着小学生书包、戴着鲜艳夸张的首饰,宛如还未长大而又活泼吵闹的小学女生。这些鲜艳的颜色中自然不会少了粉色(见图2-77)。

图2-76　Disco Style

图2-77　SHINO RER

"GANGURO GAL"源于涩谷街头文化,现在也未被时代吞噬,依然存在于街头巷尾。她们大多金发黑肤,化夸张的白色妆容,有吓人的法式指甲(见图 2-78)。"GAL"本来意指幼稚的、有反抗性的年轻女孩,现在已经成为日本亚文化里的专门分支。这些以夸张甚至是攻击性外貌来宣扬个性的女孩子们,反抗学校和社会规则,其"姿态"类似英勇的飞蛾扑火,虽然难以被主流接受,但在日本也具有一定的时尚影响力。

图 2-78　GANGURO GAL

　　2004 年左右,帕丽斯·希尔顿因为真人秀节目火爆全球,绝对是名媛圈最耀眼的明星,她的穿着被很多年轻女孩疯狂模仿,在东京自然也不例外。这种模仿希尔顿休闲却颜色粉嫩如泡泡糖的街头风格打扮被简洁明了地称作"LA 名媛风"(见图 2-79),特征是以闪亮亮的粉色系为主。例如,Juicy Couture 的天鹅绒套装,大墨镜和粉色棒球帽必不可少,上街时再抱着自家可爱的小宠物狗。

　　2012 年,在原宿的高中女生之间流行起来的 Pastel Color 风格(见图 2-80),颜色淡雅,面料轻薄。"Pastel Color"原本指并非鲜明原色的柔和中间色,Pastel 是轻淡柔和的颜色的意思,其颜色多灰度偏高、色彩柔和,所以被称为"Pastel Color"。染着缤纷发色的原宿女孩们通常穿着相同浅色系的 T 恤、百褶裙和厚底鞋,捧着同样是水彩色的巨大棉花糖,大笑着穿过拥挤的街道。

图 2-79　LA 名媛风

图 2-80　Pastel Color

2. 韩国粉色时尚

韩流(K-pop)是随着韩国娱乐产业向海外发展扩张而产生的一种说法,顾名思义就是韩国的潮流,广义上包括音乐、电视剧、电影、偶像等娱乐产业。跟韩流一起席卷全球,让人熟知的不止是帅气的男偶像和美丽的女演员,还有韩剧、电影、MV 中具有韩国时尚风格的穿着打扮,一般都是欧美大牌服装与韩国本土设计的品牌服装。下面从韩国电视剧里明星的穿着为切入点,探讨粉色在韩国的流行情况。

在一部名为《请回答 1988》的电视剧中,女主角穿着的具有年代感的羊羔绒粉大衣和一件粉色卫衣(见图 2-81),成为观众喜爱的剧中服装。这两身衣服都是宽松款,十分具有韩国时装特色。

图 2-81　《请回答 1988》女主角的服装

2012 年,韩国一个名为 Sixbomb 的女子组合,因为出道时的粉色紧身衣太过性感引发热议,而被暂停演出(见图 2-82)。

图 2-82 韩国女子组合 Sixbomb

2015 年,在韩国娱乐圈和时尚圈具有广泛影响力的歌手权志龙染了一头粉发为时尚芭莎拍摄大片(见图 2-83)。这组照片引起热议,在韩国明星中掀起了一场染发风潮,许多明星纷纷染起了粉色头发(见图 2-84)。

图 2-83 权志龙

图 2-84 韩国明星们的粉色头发

在 2016 年韩国大火的电视剧《蓝色大海的传说》中,女主角全智贤多次身穿粉色的服装,其中令人印象最深刻的就是一身 Dolce & Gabbana 的亮片连衣裙(见图 2-85)和一套粉红色 Chanel 套装(见图 2-86)。全智贤在剧中还穿着了许多粉色服装,如来自 Blumarine 的粉色格子连衣裙(见图 2-87)、Dolce & Gabbana 的蕾丝连衣裙(见图 2-88)。

图 2-85　亮片连衣裙

图 2-86　粉红色套装　　　2-87　粉色格子连衣裙　　　图 2-88　蕾丝连衣裙

在 2016 年的其他电视剧中,也经常出现粉色的服装。比如孔孝真在《嫉妒的化身》里穿了两身来自韩国女装品牌 Push Button 的服装(见图 2-89 和图 2-90),为上班的白领们提供了很好的穿衣示范。还有韩国女星李圣经在《Doctors》和《奶酪陷阱》《举重妖精金福珠》中都穿了粉色的服装,在网络上得到一致好评(见图 2-91 至图 2-97)。

图 2-89　粉色连衣裙　　　图 2-90　粉色套装　　　图 2-91　粉色套装

图 2-92 粉色西装

图 2-93 粉色毛衣

图 2-94 汤米·希尔费格

图 2-95 MOUSAI 卫衣

图 2-96 Paul & JoeSister

图 2-97 Dewl

2.8 橙色追踪

2.8.1 橙色的色彩故事

橙色是电磁波的可视光部分中的长波，界于红色和黄色之间的混合色。一提到它，人们就会想起温暖、热情、醒目、欢快等词汇。

橙色曾一度被认为是最不受欢迎的色彩。爱娃·海勒在《色彩的性格》一书的调查中得到这样的结果：橙色是最不受欢迎的色彩，没人把橙色列为最喜爱的色彩，有14％的女性和9％的男性把橙色列入"我最不喜欢的色彩"中。因为在欧洲文化中，橙色是外来色,是随着橙子、橘子这类水果通过贸易从印度、中国等传入欧洲的。所以,橙色是一种带有异域风情的色彩(见图 2-98)。但同时,直到现在橙色也无法摆脱廉价的印象。随着工业时代的到来,塑料制品总是橙色的,而且因为不存在任何橙色的天然面料,所以橙色的物品给人的印象总是廉价的。在崇尚纯色的古代欧洲,对于明亮的色彩,上流社会的人们会优先选择胭脂红或者亮黄这类看起来高贵的颜色,橙色这种介于红黄中间的混合色彩总是被人们忽略。

　　除此之外,因为橙色鲜艳醒目,容易吸引人的目光,所以橙色是广告中的常用色彩(见图 2-99)。将鲜艳的颜色用在广告中是常见的做法,但却易发生物极必反的现象。由于橙色实在是太醒目,以至于人们看到亮眼的橙色色块便知道是广告而直接忽略掉广告信息。

图 2-98　读书的少女　　　　图 2-99　20 世纪美国啤酒广告

　　在现代服装中,橙色也是不被青睐的色彩。除了无法摆脱廉价塑料的印象外,还表现在色彩搭配上,由于亚洲人的肤色偏黄,所以橙色并不是搭配的最好选择;而对于白皙的欧美人来说,有时候橙色也过于亮眼,而且一身的橙色总是容易联想到万圣节的南瓜灯,而且在一段时间内美国规定的囚犯制服也是橙色的;尽管黑人偏爱颜色鲜艳的服装,但橙色服装不像其他色彩那样易于搭配。

2.8.2　时尚中的橙色

从 2000 到 2012 年的潘通年度色彩中,橙色曾两度被选为年度色彩(见图 2-100),分别是 2004 年的虎皮百合(见图 2-101)以及 2012 年的探戈橘(见图 2-102)。

图 2-100　2000—2012 年潘通年度色彩

图 2-101　2004 年年度色彩虎皮百合

图 2-102　2012 年年度色彩探戈橘

2004 年的潘通年度色彩是虎皮百合,是 8 月 2 日的生日花,有一般百合的花型,花语是"照料",因为由虎皮百合制作的药剂可以减轻孕妇害喜的症状。虎皮百合有浓郁的橘色和斑点,像是老虎的花斑一样,是温柔的橘黄色,醒目却又不刺眼。

2012 年的潘通年度色彩是探戈橘,顾名思义来自热情的南美洲,具有异国风情,友善,不具威胁性,就像热情奔放的阿根廷。探戈橘的色彩更加偏红,显得温暖、热情。

在 2015 年潘通发布的春夏十大流行色趋势中,出现了一种叫做橙月橘的颜色(见图 2-103)。这一季潘通的色彩整体都是柔和甜美的浅色系,饱和度偏低,这种橘色色彩柔和、色相偏黄,潘通形容它"热情又有活力的橙橘,贴近自然又十分友善,是红与黄搭配而成的活力色,够亮、够显色,能衬托健康的古铜肤色"。

图 2-103　2015 年春夏橙月橘

不过现在,人们对橙色的接受度越来越高,时尚中橙色的出镜率也越来越高。虽然橙色这种醒目的色彩更多运用在丝巾、包袋、眼镜等配饰和彩妆中,但是橙色的服装也在逐渐流行。

在 20 世纪末期,从风靡全球的街头嘻哈文化里诞生出了"潮牌"这个概念,这些"潮牌"的服装完全不似传统的时装那样讲究高贵优雅,经常将上层人士嗤之以鼻的街头元素运用在服装中,他们爱用醒目的色彩,夸张的印花图案,肥大宽松的服装搭配球鞋来表达他们的生活态度。橙色作为一种传统中不被人喜爱的颜色,在这类"潮牌"中经常被用到。

品牌 Supreme 在 2002 年就曾推出一款橙色短袖 T 恤,堪称经典(见图 2-104),这款短袖已经成为"老古董"级的单品。这款简单的短袖全身都是鲜艳的橙色,配上亮黄色的文字,十分吸引眼球,仿佛在竭力嘶喊穿着者们的精神和叛逆。

图 2-104　Supreme 短袖 T 恤

　　橙色作为一种鲜艳、热情的色彩,在服装中更多的是被点缀般用在装饰上,例如鞋子、包袋等。比如 Nike 在 2013 年推出的一款球鞋中(见图 2-105),Nike 最有辨识度的商标和鞋子后跟内侧被设计成了橙色,让人一眼就能看见。还有 Volcom 在同年的新品中推出了一件黑色皮革机车夹克,其内里是鲜艳的橙色,与深色夹克形成鲜明的对比(见图 2-106)。

图 2-105　Nike 球鞋　　　　　图 2-106　Volcom 机车夹克

　　2014 年,人气说唱巨星 Drake 旗下潮牌 October's Very Own,与来自加拿大的经典羽绒品牌 Canada Goose 合作,以军事元素作为灵感源,采用印有灰色迷彩印花的尼龙布料结合羽绒填物制作成衣,内部则运用了军装夹克中常见的橙色内里(见图 2-107)。

2015 年,欧洲的时尚名店 Slam Jam 与 Head Porter 合作发布手袋、卡包、手提包及登山包四件单品(见图 2-108),设计上使用象征夏日的橙色搭配百合印花的高密度尼龙布,分别在东京和米兰的店铺销售。

图 2-107　October's Very Own 羽绒夹克　　图 2-108　Slam Jam 与 Head Porter 的包袋

2016 年,橙色是被人喜爱的颜色,不管是在小众的潮牌中还是大众所喜爱的产品里。许多品牌都在这一年推出橙色的单品,比如 Anti Social Club 的短袖印字 T 恤衫(见图 2-109),Joyrich 的女装套装(见图 2-110),其中最火的就是 Vetements 的橙色卫衣(见图 2-111)。这款卫衣因为受到许多明星和网络红人的喜爱,一跃成为 2016 年最受欢迎的橙色单品。

图 2-109　Anti Social Club 的短袖 T 恤　　图 2-110　Joyrich 的女装套装

图 2-111 Vetements 的橙色卫衣

2016 年的秋冬季，一种叫做脏南瓜色、脏橘色的橙色从服装流行到彩妆，在网络上被热议起来（见图 2-112）。其实南瓜色这种橘色从 2015 到 2016 年一直在流行，特别是在彩妆中。南瓜色是一种跨度从偏红到偏黄的低饱和度的橙色，其颜色上的搭配具有很多种可能性（见图 2-113）。

图 2-112 脏南瓜色毛衣

图 2-113 南瓜色色卡

经典的运动潮牌 Supreme 在 2017 年春夏的新品中依旧推出了印着美国风格的漫画人物形象的橙色卫衣（见图 2-114）。

图 2-114 Supreme 卫衣

2.8.3 爱马仕的皇家橙

法国顶级奢侈品牌爱马仕一直以它的"皇家橙"为代表色,它的商标也一直是这种橙色(见图 2-115),明亮醒目,优雅温馨。爱马仕的包装盒也一直都是鲜艳的橙色,配有深棕色包边装饰(见图 2-116)。除此之外,在爱马仕的产品中也经常会出现橙色,如丝巾(见图 2-117)、腕表(见图 2-118)、包袋(见图 2-119)以及一些家居产品中(见图 2-120)。

图 2-115 爱马仕的商标　　2-116 爱马仕的包装盒　　图 2-117 爱马仕丝巾

图 2-118　爱马仕腕表　　　　　图 2-119　爱马仕包袋　　　　　图 2-120　爱马仕台灯

爱马仕的橙色已经成为一种品牌形象,就像蒂芙尼蓝一样,以品牌名字命名,提到这个颜色就能联想到这个品牌。虽然以"皇家橙"这样高贵的称呼来形容爱马仕的橙色,但实际上爱马仕的这个橙色是来源于一次偶然事件。

第二次世界大战之前,爱马仕的包装盒以及其他的包装袋其实与现在的相差无几,只是当时的包装盒颜色是由仿猪皮的米白色卡纸制成,外加烫金包边。但是在第二次世界大战席卷欧洲的时候,所有产品优先供应军队需求,原材料短缺,无法正常供应,仿猪皮的米白色包装袋纸存货很快就用完了。因为战争时期物资短缺,所以政府规定当时所有物资均按配额发放,爱马仕无法为了包装纸而去请求政府让制造厂为它们生产包装盒用的卡纸。幸而在当时人们并不喜欢橙色,所以制造厂还有大量的橙色卡纸剩余,在当时的情况下爱马仕也别无选择,只好将制造厂仅存的橙色卡纸用作包装盒材料。

但是在爱马仕选择了这个颜色作为包装的新颜色后,出人意料的是不但没有不好的反应,反而得到一致的好评,因为这个橙色和爱马仕皮具的颜色相当吻合。所以在第二次世界大战后,爱马仕为了纪念那个资源贫乏的时代,把所有产品的包装颜色全部都换成了橙色。最初,橙色包装的卡纸是磨砂的表面,颜色也更加鲜艳一些。随后,爱马仕推出了印有 Hermes 爱马仕标识的包装带,至今出现过几种不同的颜色,如栗色、灰色、红色,象征着爱马仕的不同产品门类。目前,爱马仕一共有 178 种不同型号、尺寸的橙色包装盒,这也成了爱马仕标志性的颜色。由于橙色得到了爱马仕的使用,所以也显得没那么廉价了,反而衬托出了品牌的高贵感,成为消费者备加青睐的色彩。

2.8.4　克里斯托夫妇（Christo and Jeanne Claude）装置艺术中的橙色

克里斯托和让娜·克劳德夫妇,是当代备受关注的装置艺术家,或者更多的人愿意称他们为大地艺术家。因为他们的作品从来不会出现在画廊、美术馆、展览会或者拍卖会上,而是选择放置在土地、峡谷、海岸等自然界中。从 20 世纪 60 年代开始,他们用常人难以理解的方式和制作成本去包裹山谷、海岸、大厦、桥梁、岛屿,让公共建筑和自然界呈现熟悉又陌生的浩然景观。从 1958 年他们结婚算起,至今完成的作品仅仅只有 19 件,但这 19 件作品都是花费了让人难以想象的金钱和时间才完成的,但是展示在世人眼前的时间却是区区几周或者几个月。他们的作品犹如昙花一现,惊鸿一瞥之间让人无法忘却,这些无法定义艺术品范畴的艺术项目,介于建筑、雕塑、装置、环境工程之间,成为大地艺术杰出的代表。在克里斯托夫妇仅有的这些作品中,许多都用到了醒目亮眼的橙色,而且在他们的手稿中也经常会出现橙色的标记。

1969 到 1976 年,克里斯托夫妇完成了三个庞大的、惊世的地景艺术作品:《包裹海岸》《包裹峡谷》《奔跑的栅篱》。其中,1970 年的《包裹峡谷》(见图 2-121)位于美国的科罗拉多峡谷中,使用了 3.6 吨的橙黄色尼龙布,悬挂在相距 365.8 米的两个山体斜坡夹峙的 U 形峡谷间。巨大的橙黄色帘幕横拉在山野峡谷之间,颇具壮丽之美,饱和度极高的橙色在绿色的山间呈现出一种张扬又热烈的美,就像一个女人穿着橘黄色的丝绸长裙轻卧在峡谷之间,她的腰肢就这样被轻柔地勾勒出来。

图 2-121　《包裹峡谷》

1975年,克里斯托夫妇选择在他们相识相爱的法国巴黎创作新作品,选择包裹塞纳河上的新桥。新桥虽然名为"新桥",却是法国最旧的桥之一。这座桥从提出到落成,一共经历了三位国王、两个朝代。建造过程还见证了法国中世纪末期历经将近半个世纪的胡格诺战争,所以新桥是法国革命和历史的见证者。为了能在这样的古迹上进行包裹艺术,克里斯托夫妇用了十年时间去交涉,最终得以在1985年9月22日到10月7日期间在新桥上向世人展示包裹艺术的魅力。这次包裹项目共消耗了40876平方米的白帆布,13076米长的绳索,12吨重的钢缆,前后动用了300人次。克里斯托夫妇用白色帆布包裹住新桥,在周围环境和灯光的照映下呈现白色到橙色的变化(见图2-122和图2-123)。

图 2-122　包裹新桥(一)　　　　　　　图 2-123　包裹新桥(二)

2005年,在苦苦等待了数届纽约市长的轮换后,终于得到纽约市政府的批准,克里斯托夫妇又在纽约中央公园实现了他们筹备26年的巨型作品《门》。他们在纽约中央公园的走道上树立起7503道由聚乙烯制成的门,每道门都悬挂着一块橙色帘幕,绵延37公里,穿越整个中央公园,从第59街到第110街,如同一条"橙色的河流",为纽约萧肃的冬天加了一道亮色。这座花费2100万美元建造的纽约历史上最大规模的艺术品仅存在16天,而在市长布隆伯格看来,它能与罗马梵蒂冈的西斯廷教堂、贝多芬的《第九交响曲》以及玛格丽特的《飘》相媲美,是一件"永恒的杰作"。如图2-124和图2-125所示。

图 2-124　门（一）　　　　　　　　　图 2-125　门（二）

　　2016 年 6 月 18 日，在意大利伊塞奥湖，克里斯托在其夫人去世后独自完成了一件艺术品。他在湖上用布料打造了一个庞大的《漂浮码头》（见图 2-126 和图 2-127）。这件大型艺术作品由超过 20 万根高密度聚乙烯管道组成，上面覆盖了近 10 万平方米的橙色织物。这些管道铺成的路可以连接对岸的小镇并能通往一个湖心岛。这也是这位 81 岁艺术家生平最后一次创作大型作品。

图 2-126　飘浮码头（一）　　　　　　　图 2-127　飘浮码头（二）

　　除了在作品中使用橙色，克里斯托夫人在个人穿着上也很偏爱橙色，她在好几次的采访中都顶着一头橙红色的头发，穿着橙色的外套（见图 2-128），连他们的工作台也是橙色的（见图 2-129）。克里斯托夫人已去世，我们无法得知她为什么那么喜欢运用橙色，但是橙色是充满热情活力的色彩，犹如她对艺术的热情般炽热。

图 2-128　克里斯托夫妇（一）

图 2-129　克里斯托夫妇（二）

　　虽然橙色依旧大量存在于廉价的塑料制品中,而且现在依旧有很多时尚博主因为橙色过于亮眼、不易搭配而建议人们在选购服装时慎选,但在现代色彩运用中,对橙色的偏见已经越来越少,人们对橙色的接受度越来越高,特别是像"爱马仕橙"这样被消费者视为"高贵""奢侈"的存在,更让人对橙色有了新的观念。许多品牌也纷纷开发出容易搭配穿着的橙色服装,使用更加柔和、衬托肤色的橙色。不止在服装中,家居装潢中橙色的使用比例也越来越高,因为橙色是最温暖的颜色,它既有红色的热情,也有黄色的鲜亮;橙色也是代表能量的颜色,是火光的颜色,能够给人带来兴奋。

3 服装史与流行的演变

3.1 时代精神

"时代精神"或精神文化指的是文化的现行状态,即现在的表达。一个时代的模式是由复杂的历史、社会、心理和审美因素的混合体决定的。在每一个时代,创意艺术家和设计师的灵感都来自于当时的影响,他们通过创新的想法和产品来诠释。新美学在当代的各个方面都可以找到,如艺术、建筑、室内设计、美容产品以及服装(见图 3-1)。在每个时代,态度和生活方式的变化都能使时尚向前迈进。

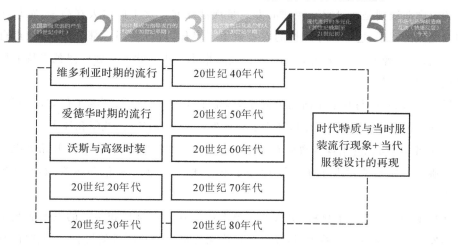

图 3-1 维多利亚时期到 20 世纪 80 年代每个时代的时代精神与流行的结合

3.2 维多利亚女王时期与羊腿袖

1837 到 1901 年被称为维多利亚时期(Victorian Era)。在 1860 年,几个欧洲国家主导着政治和社会,巴黎和伦敦被认为是主要的社会和商业中心。虽然美国被视为一个年轻的国家,但它仍在继续扩大和发展自己的文化。

在英国,当时的时代是由维多利亚女王领导的一个保守时代,她统治了 19 世纪超过一半的时间,经历了英国的贸易和商业繁荣,财富也以公开展示的方式作为装饰出现在时尚、艺术和建筑领域,英国的进步被其他国家所羡慕。法国大革命动荡平息后,法国重新恢复了作为世界时尚之都的领导地位。在美国,内战结束,奴隶制被废除。美国公众必须面对新的社会对种族和阶级的态度。

现实主义和印象主义是当时主要的艺术流派与艺术风格,在文学中,作家通过神话、象征和梦,揭示深刻的人类情感和想象力。

展示这个时代时尚的著名电影有:《飘》《年轻的维多利亚》《布奇卡西迪和小霸王》《纽约黑帮》。

这一时期的女性强调胸腰差,偏爱"沙漏型"(Hourglass Shape)的身材。维多利亚时代日趋繁荣在女式服装上的表现是褶边和重装饰的女式服装,重装饰的服装用来显示社会地位和声望。女性的运动由于紧身胸衣、裙箍和繁重的裙撑而受到限制,夸张的轮廓曲线则是通过收紧腰部的方式呈现沙漏状。女士们白天穿高领、宽袖和延伸到地板的裙子,这些保守风格的衣着覆盖了身体,可以看到一部分皮肤,有点自由的感觉;到了晚上,领口较低,袖子短,花边露指手套很受欢迎。她们佩戴奇特的帽子以代替软帽。如图 3-2 所示。

男子的服装,则与几十年前的大同小异,是正式的、僵化的,延续了保守的趋势。在白天穿着西装,晚上则是燕尾服和大衣。此外,男人还用手杖、礼帽和怀表。

1850 年,缝纫机的出现导致成衣量化生产。当缝纫机被引入工厂时,开始大批量生产衣服。其导致了劳动力的变化,改变了财务状况,改善了通信和运输,妇女开始在外工作。

新技术的出现改变了材料,也改变了整个服装业。新材料和摄影的发明影响了时尚的发展。时尚杂志开始出版,提供允许广泛传播信息和图像的机会,遵循时尚潮流。时尚杂志(Vogue)出现带来了流行能够被跟踪和复制的可能。新的纺织技术,包括动力织机和合成染料（Looms and Synthetic Dyes）的出现，促进了现代化纺织发展。百货公司在此时期出现，人们可通过邮件订购目录的方式订购，给在城市和农村地区的人提供了穿着机器制造的衣服的可能。

  维多利亚时代于 19 世纪末结束，态度和价值观出现变化，随着美国经济的增长和实力的增强，欧洲的主导地位正接近结束。如图 3-2 所示，整个维多利亚时代羊腿袖红极一时。

图 3-2 维多利亚时期的典型着装（羊腿袖）

3.3 爱德华时期与 S 形女装

  20 世纪初也被称为爱德华时期（Edwardian Era）。爱德华时期在历史上以财富和挥霍闻名，这时英国处于极其奢侈和富裕的时间段，拥有世界上最强的经济和军事力量。这是一个充满奢侈服装、香水和珠宝的美丽年代（Beautiful Age）。在法国，这一时期被称为 La Belle Époque（美丽的时代）。高级定制时装特色充斥在奢华的富人中。在欧洲国家，这是一个放纵和古典的时代。

  美国的人口增长是以来自世界各地的移民形式增加的。在 19 世纪 90 年代以前，移民开始从欧洲南部抵达，到了 1900 年，移民也开始从亚洲进入。此时的美国涌入了大量来自欧洲的富裕阶层，同时中产阶层出现并日益壮大。种族平等、和平与性别平等仍然是美国重要的问题。技术进步和汽车的出现改变了人类的出行方式。福特汽车公司开始制造一种低成本的汽车，这是许多美国人可以负担得起的汽车。莱特兄弟做了第一次飞行，开阔了航空旅行的前景。

在文化上,新艺术运动兴起,包括后印象派、野兽派、立体主义,印象派艺术家有如保罗·塞尚、凡·高、马蒂斯、保罗·高更、毕加索等人。文艺演出、杂耍、电影成为重要的休闲活动。玛丽·碧克馥、蒂达·巴拉和查利·卓别林成为电影明星。吸引大量观众的体育运动,包括棒球和赛马,成为上流社会生活的一部分。Harper's Bazaar 开始每月出版杂志,还包括体育报纸和连环漫画。展示这个时代的时尚电影包括《威尼斯儿童赛车》《看得见风景的房间》《泰坦尼克号》。

20世纪开始了一个正式的时尚态度,即偏爱成熟的女性的造型,强调丰胸细腰。女性的廓形是"S"形式。骨架制作的紧身胸衣施压于腹部,创造一个前直、后面为翘起的臀部,长裙臀部轮廓光滑,并延伸到地板上。此时代的早期,男装是矩形的廓形,不强调腰围线。男子穿着晨衣、条纹长裤和大礼帽作为正式服装。其后,男人的风格变得更轻松,并开始穿花呢夹克和条纹西装作为休闲的穿着。裤子变短,被称为短裤,为了适应如骑自行车类的活动,军用防水短上衣在战争年代也被引入,作为一种在基本颜色上的功利风格,相同的外套在今天的时尚界仍然可以看到。

巴黎被视为主要时尚趋势的发源地。1910年,保罗·波烈(Paul Poiret)通过引入窄底裙和帝政式服装轮廓从根本上改变了女装的廓形,女士们脱掉紧身胸衣,被希腊悬垂式服饰、头巾、灯笼裤、和服取而代之,这一款式融合了东方文化和西方文化与审美。这一时期,杜塞、波烈和马里亚诺成为世界高级时装的领导人。

和平时代结束后,第一次世界大战(1914—1918)开始。最初,这场战争是一场俄罗斯、英国和法国对德国和奥匈帝国的冲突。但战争在全球范围内蔓延,美国进入战争状态,1917年获得新的军事和经济大国地位,这场战争极大地改变了美国在国际舞台上的角色和形象。由于战争导致数以百万计的人被迫为国出征,许多美国妇女需要填补空缺的工作。战争结束后,许多妇女离开了她们的工作岗位,其余人继续工作。美国工作妇女的革命思想最终演化成美国文化的一部分。

1915年,裙子和洋装的长度在脚踝和小腿中部以上,因战争造成的物资匮乏,纹饰轮廓被简化了,实用性取代了早期的奢侈。女性也开始广泛参与体育运动,如自行车、体操、网球。几十年前,美国设计师阿米莉亚·布鲁默就已向妇女介绍裤子,但随着允许运动的服装需求的不断增加,妇女才开始大范围穿着裤子。

战争期间,时尚几乎没有什么利润。许多设计师在战时关闭了他们的业务。工作的妇女需要的衣服都是为了更好地适应她们的新活动,保守特制的女士衬衫开始流行。

在战争期间,国家致力于科学和工业的发展,以促成战争的胜利,一旦战争结束,这些发展便运用于制造业。工业革命提升制造业,促进了工人阶级内部的变革。更多的机械用于纺织和服装生产,并为成衣(RTW)奠定了基础。人造纤维和拉链的发明改变了服装的面貌,并推动了大众市场的发展。

电影对时尚追随者产生了巨大的影响。演员穿着的服装款式不只是影响观众而是影响整个社会。在大屏幕上看到的现代风格被公众模仿和复制。在第一次世界大战结束时,很明显,社会正在发生变化。世界政治权力的转移,导致文化态度变化了,一个新的现代型的女性行为与着装方式出现了。

如图 3-3 所示,曾热播的英剧《唐顿庄园》就是以爱德华时期为背景的,贵族的穿着很好反映了当时的流行趋势。Chanel 2016 春夏系列的灵感来源就是爱德华时期的样式。如图 3-4 所示,Ralph Lauren 在 2009 年的设计从廓形上看非常符合爱德华时期的着装样式。

图 3-3 《唐顿庄园》中的爱德华时期着装样式

图 3-4 Ralph Lauren 2009 年的爱德华时期着装样式

3.4 20世纪20年代与轻佻女子

20世纪20年代的欧洲,国家和政府的角色在战争中发生了革命性的变革。在俄国,沙皇的专制已经建立,在意大利,墨索里尼建立了法西斯独裁统治。

第一次世界大战过后,在以美国为首的西方国家又一次掀起了世界范围内的女权运动,女性在政治上获得与男性同等的参政权。在经济上,因职业女性越来越多,女性进一步走向独立,男女平等的思想在20世纪20年代得到强化与发展,导致女装上出现了否定女性特征的独特样式。

女性在公共场所唱歌、吸烟、饮酒、化妆已经被社会所认可。妇女争取平等,并开始拒绝社会规范,1920年,美国《宪法》的第十九次修正案赋予妇女投票权。新女性追求自由、不羁和享受的生活方式,她们喜欢爵士音乐,新风格的舞蹈和服装。"轻佻女子"是抽烟、喝酒、跳查尔斯顿和狐步舞的年轻女孩的绰号。已经走出闺房的新女性们冲破传统道德规范的禁锢,大胆追求新的生活方式,过去丰胸、束腰、夸张臀部强调女性曲线美的传统审美观念已经无法适应时代潮流,人们走向另一个极端,即否定女性特征,向男性看齐。于是,女性的第二性征胸部被刻意压平,纤腰放松,腰线的位置下移到臀围线附近,丰满的臀部束紧,变得细瘦小巧,头发剪短(长度与男子差不多),裙子越来越短,整个外形呈现为"管子状"(Tubular Style)。时髦女郎穿着没有定型的通常有流苏和珠子装饰的无袖衬衫,行动自如。在短发流行的同时,钟型女帽(Cloche hat)诞生,这种帽子一出现,女性纷纷把短发藏在帽子里。妆容方面,明亮的胭脂和红色口红是首选,胭脂以面膜粉和薄眉为主。几乎所有的珠绣晚礼服都用到雪纺、天鹅绒、塔夫绸。附件类型包括耳环、长珠或珠项链、手镯。

马德琳·维奥内(Madeleine Vionnet)使用的斜裁造就了呈漂亮褶皱的、封闭的、合身的服装。可可·香奈儿因为妇女运动的活跃而推出针织衫,另外,香奈儿还推出了"黑色小礼服",至今仍然被认为是经典。让·巴杜引入了新的运动服,包括套衫上衣和分开的裙子。

随着第一个商业广播电台在1920年出现,新媒体迅速在全国各地传播。收音机主要是出售给家庭使用,给公众免费的音乐、娱乐和信息服务。这一时期的音乐是爵士乐,有艾灵顿公爵、路易斯·阿姆斯特朗等著名艺术家。电台的使用,使公众能关注棒球、足球、拳击、网球和高尔夫。

　　男人的时尚仍旧保持 20 世纪 20 年代的传统。男子穿着在颜色和面料上匹配的背心,袋套装裤子以及夹克(亚麻布或绒布),单排和双排扣的宽翻领西服。裤子是宽腿裤,俗称"牛津包",领饰为领带、领结和领巾,头发是光滑的,胡子薄得像铅笔杆儿似的,爵士帽、巴拿马帽及运动帽随处可见。随着体育活动的增加,分体式泳衣和运动衣变得很流行。

　　西格蒙德·弗洛伊德的心理学理论彻底改变了尤其是年轻人的道德和价值观。艺术运动包括艺术装饰运动,特点是几何图形的应用。艺术家埃尔泰(被称为"装饰艺术之父")以程序式的插图而闻名。还有是超现实主义艺术运动,它受到潜意识想象的影响。

　　娱乐方面,默声电影被最新的有声电影所取代,后者成为日常生活的一部分。电影带来了视觉上的魅力和追求上的快乐。男演员和女演员的化妆方式、发型和服装都被复制到全国各地。电影明星,如琼·克劳馥就是轻佻女子雷厉风行和大胆的化身。玛琳·黛德丽开始穿燕尾服和裤子,为女性创造一个看起来更有男人味的形象。鲁道夫·瓦伦蒂诺光滑的头发和性感的衣着使他成为男性和女性的偶像。关于这个时代时尚的重要电影有《爵士乐歌手》《卡米尔》《了不起的盖茨比》。

　　这一时期即将结束时,繁荣的局面开始改变。对欢乐和节日的态度因国际金融危机开始在全球蔓延而变得严肃起来。随着 1929 年股市的暴跌,这个过分发展的时代突然结束。在时尚预测中,重要的是要明白,几乎所有激进的趋势终会逝去。如图 3-5 所示为 20 世纪 20 年代女性的着装。

图 3-5　20 世纪 20 年代女性的着装

尽管因战争的创伤,各国经济均处于低谷,但从残酷的战火中幸存下来的人们狂热追求和平的欢乐,过着纸醉金迷的颓废生活,社交界各种舞会盛行,在战前就流行的探戈的基础上,交际舞加上了歇斯底里般的爵士舞和飞快旋转的却而斯登舞。电影《了不起的盖茨比》就是以此为背景,重现了当时的生活,着装也尽可能还原了20年代"轻佻女人"的形象。如图 3-6 所示。

图 3-6　电影《了不起的盖茨比》中女主角的"轻佻女人"造型

3.4.1　简·帕图（Jean Patou）

早在第二次世界大战期间,为了行动方便,女性也曾像男子一样穿上了裤装。到了 20 世纪 20 年代,随着女子体育运动热潮的兴起,简·帕图为女性创造了运动风造型,作为体育运动项目之一的游泳,使海滩服和泳装得以进一步现代化,尽管款式十分保守,但造型已经基本与现代差不多了;同时,她也是第一个以自己姓名首字母作为设计品牌 Logo 的设计师。如图 3-7 所示。

图 3-7　简·帕图的设计

3.4.2　可可·香奈儿

可可·香奈儿是 20 世纪 20 年代巴黎时装界的女王,人们也常把这个时期称作"香奈儿时期"。香奈儿为女性创造了舒适、简洁的着装风格。第一次世界大战后,香奈儿顺应历史潮流,敏感抓住社会变化,以黑色和黄色为基调,第一个把当时男人用作内衣的毛针织物用在女装上,适时推出了针织面料的男式女套装,长及腿肚子的裤装、平绒夹克以及及踝的晚礼服等。作为流行的带头人,她是第一个在公开场合穿裤装的女性。她在着装方式上为现代女性做出了榜样:晒黑的皮肤,留男人一样的短发,把男友的毛衫和上衣披在身上出入社交场合,这对传统的贵妇人形象无疑是一种反叛和革命。

在服装搭配上,她第一个改变了长期以来把服饰品的经济价值作为审美价值的传统观念,把人造珠宝大众化,把服饰品的装饰作用提到首位,使原来作为身份象征的珠宝首饰被纯粹的装饰物假宝石所取代。如图 3-8 所示。

图 3-8　可可·香奈儿的经典设计

1. 年少的苦难经历

Coco Chanel 的本名叫 Gabrielle Bonheur Chanel,Coco 只是她作歌女时给自己起的艺名。童年时期的 Chanel 既不幸福也不富裕,在亲生母亲因为肺痨去世后,她和三个兄弟姐妹被父亲抛弃。这段令人心碎的往事似乎成为她一生都无法抹去的阴影,她对童年经历的憎恨使她坚决否认一切关于自己身世的说法。在绝大多数人相信 Chanel 在 1883 年出生于法国索米尔时,Chanel 却坚称自己在 1893 年生于法国南部山区奥弗涅,她的出身也因此成谜。

因父亲的抛弃而被送到了修女学校的 Chanel 阴差阳错地从修女那里学到了精巧的针线技巧,这为她日后打入时尚界奠定了坚实的基础。父亲对 Chanel 的伤害给她之后一生的感情线埋下了伏笔。Chanel 一直周旋在不同的男人之间,不停索取攀登,成就自己的事业。令人感到讽刺的是,Chanel 的父亲给她造成的童年不幸,似乎从另一个角度成就了她未来的事业。

2. 丰富的感情经历

1905 年,刚刚 20 岁出头的 Chanel 几经周折当了一名裁缝,为了维持生计,下班之后她还要到酒吧卖唱。在酒吧卖唱期间,Chanel 因为演唱一首名为 *CoCo*(小宝贝)的歌曲,引起了法国军官 Etienne Balsan 的注意,并成为他的情人。从此以后,Chanel 将自己的名字改为 Coco Chanel,她也从不避讳自己的情人身份,并解释说 Coco 就是"cocotte(情妇)"的缩写。

Etienne Balsan 出生在一个非常富裕的家庭,家族专门为军队提供制服。他曾经是一名骑兵,之后子承父业,成为纺织业富翁。与 Chanel 确立情人关系后,Balsan 还经常带她到自己的城堡骑马并一起参加派对。在两人保持情人关系的几年中,Chanel 也迅速从一个不知名的裁缝一跃成为拥有自己的帽子店的设计师。这间帽子店以她的本名 Gabrielle 命名,Etienne Balsan 为 Chanel 的帽子店介绍了大量的名媛贵族。在这个阶段,Chanel 的才华得以展现,她设计的简洁舒适的新式帽子吸引了众多名媛的关注。然而,遗憾的是,Etienne Balsan 是一位深受母亲影响的男士,由于 Balsan 母亲不接受 Chanel 卑微的出身,最终两个人还是分道扬镳了。

与法国人 Etienne Balsan 的恋情仅仅是 Chanel 情人路的开端,在与 Balsan 分手后,她很快就与英国工业家 Arthur Capel 恋爱了。有趣的是,Arther Capel 与 Chanel 的初恋情人 Etienne Balsan 还是朋友关系,正是 Balsan 将他介绍并引荐给 Chanel 的,谁知后来竟促成了二人的姻缘。Arther Capel 出生于英国南部城市布莱顿,父亲是当时有名的船商,Capel 的财富积累也主要来自工业,他曾经还是马球运动员、船东,甚至还当过政客。

Capel 与 Chanel 的情人关系维持了 9 年,在这期间,他出资为 Chanel 打造了第一家以她的名字命名的店铺。除了金钱上的投资,Capel 还成了 Chanel 的灵感缪斯,Capel 的穿衣风格也被 Chanel 延续到了自己后来的设计当中。值得一提的是,Chanel 的这两个情人都擅长骑马,Chanel 本人也对骑马非常热衷,经典的 2.55 包菱格的设计就是来自马具用品,而 Leboy 的灵感就是来自 Capel。Chanel 和 Capel 的情人关系一直纠缠不清，最终 Capel 也没能娶 Chanel 为妻，而是迫于家庭压力选择了一位出身高贵的法国小姐。

令人扼腕的是，Capel 在 1919 年下半年因车祸不幸去世。

1925 年左右，Chanel 与来自英国的威斯敏斯特公爵（Duke of Westminster）Hugh Richard Arthur Grosvenor 相识，并发展成为情人关系。Grosvenor 拥有惊人的财富，他曾经送给 Chanel 大量的珠宝首饰以表示自己的爱意。

威斯敏斯特公爵高大英俊，可以说是 Chanel 众多情人中很有特色的一位，他与英国许多政要保持着非常紧密的关系。Chanel 和 Grosvenor 相遇时，已经取得了事业上的成功，在这个阶段 Chanel 的伴侣就像走马灯一样不停更换，Grosvenor 与她的感情更像是蜻蜓点水，既没有轰轰烈烈，也没有爱得深沉。然而 Grosvenor 与 Chanel 的关系之所以被大众津津乐道，其主要原因是 Grosvenor 作为威斯敏斯特公爵的贵族身份，以及其后将丘吉尔介绍给 Chanel，让 Chanel 免于纳粹间谍处罚的经历。

无论是双 C 还是山茶花，无论是粗花还是菱格纹，无论是小黑裙还是芭蕾鞋，Chanel 的设计都一一被镌刻成了经典。是 Chanel 让传统的名媛脱下了裙子穿上了裤子，让女性的美从另一个角度被释放。

后来，很多人也评论，Chanel 在后来的每一段感情中更像一个生意人，她会盘算如何推进自己的事业，如何获得收益。或许，能给 Coco Chanel 安全感的只有她自己。1971 年 1 月 10 日，工作了一整天的 Chanel 服下安眠药后，在已经居住了 30 年的巴黎丽兹酒店客房中安然去世。她走的时候，穿着 Chanel 套装，一如既往。

另外，Givenchy 2016 春夏系列、Marchesa 2016 秋冬系列都有以 20 世纪 20 年代为灵感的样式。如图 3-9 所示。

图 3-9　Givenchy 2016 春夏系列回归 20 世纪 20 年代

3.5 20 世纪 30 年代与斜裁长裙

经济的萧条使人们把精神寄托在电影中,Jean Harlow 塑造的胸大无脑(Dumb Blonde)形象为当时电影的典型代表。

20 世纪 30 年代的晚礼服中出现了大胆裸露背部的形式,称作 Bare Back(见图 3-10),在背部深深的 V 字形开口处,装饰着荷叶边,设计重点由 20 年代的腿部一度转移到背部,这是经济衰退和社会动荡时期被动的色情表现。

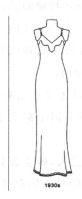

图 3-10 30 年代的典型着装样式与强调性感的银幕形象

在大萧条时期,白天女性的时装是保守的套装或上面往往有来自回收布料的绘有简单花卉或几何图案的淑女衣服。其廓形是纤细的,强调自然的腰身。裙子的长度在晚上是很长的。尼龙袜很受欢迎。服装的颜色主要为黑色、灰色、棕色和绿色,反映了当时的忧郁心情。

在 20 世纪 30 年代,男人的衣服变得更窄,更贴近身体。男人们经常穿套有宽肩膀的衣服。裤子为高腰裤,并穿戴爵士帽、大衣。毛背心代替女式运动背心越来越受到欢迎。

十年萧条结束时,世界面临着另一个灾难性的事件:第二次世界大战。虽然战争开始于 1939 年的欧洲,由希特勒为首的纳粹德国发起,但它最终蔓延到世界各地。战争于 1945 年结束,同盟国胜利。

随着世界范围的大萧条和第二次世界大战爆发,以及男女角色的转变和价值观的改变,一种新的不正式的生活方式出现在服装、娱乐和消遣中。

　　人们从大萧条和战争的现实短暂逃离进入一个充满魅力和优雅的幻想世界。生活方式继续受到好莱坞电影的影响。这一时期的明星包括葛丽泰·嘉宝、弗莱德·阿斯泰尔、克拉克·盖博、贝蒂·戴维斯、丽塔·海华丝、凯瑟琳·赫本及童星秀兰·邓波儿。

　　20世纪30年代和20世纪40年代初的晚礼服是时尚和优雅的(见图3-11)。模仿电影明星的迷人风格,晚礼服全身长且经常露背。女星琼·克劳馥在电影里穿着设计师阿德里安设计的衣服。埃尔莎·夏帕瑞丽的设计灵感则来自超现实主义艺术创作的先锋艺术作品,比如便宜的装饰——塑料的亮片及金属色的薄片看起来贵,实则便宜。女性通过电影、大百货公司、邮件订购目录和杂志去了解什么是正在流行的时尚。

图 3-11 　服装中斜裁的设计与应用

3.6 　20世纪40年代与军装风

　　第二次世界大战爆发前,女装就已经出现了因物资短缺而缩短裙子,夸张肩部以示女性地位上升的现象;战争爆发后以及整个战争期间,女装完全变成一种实用的男性味很强的现代装束,即军服式。

　　战争开始后,妇女的时尚发生了变化。白天穿着的裙子的长度达小腿肚的位置;强调腰部和胸部,肩膀用填装塑料的垫肩优化。织物供应和配给短缺,所以人造丝、醋酸和棉是常用的织物（见图 3-12）。这场战争使美国设计师们脱离欧洲的影响，为美国设计开辟了道路。克莱尔·卡德考虑到面料紧缺，设计了分离式的衬衫、裙子和夹克，这种简单实用的运动服概念被接受了。有防水功能的鞋子和帽子则是必不可少的配件。

图 3-12　战争中的服装变得简单而节省面料

　　男人的时尚受到军事风格的影响，出现了包括海员扣领短上衣和双排扣海员装。男子的运动服作为一种休闲替代品，外套和裤子采用不同的面料，而不是匹配的西装的面料。受牛仔们的启示，出现了带项圈的马球针织衬衫，印着热带印花的夏威夷衬衫及西方衬衫。

　　1940 年，法国大部分领土沦陷，战争期间德国试图将时尚中心由法国搬向德国，战争中的法国一度中止了流行的发布。

在第二次世界大战期间,女性穿着工装、背带裤等裤装代替男性在工厂工作,这为女性在公开场合穿裤装打下了基础。为防止头发弄到机器,女性将头发往后梳,做成包子状并用网格固定,称为 Snood。由于面料的紧缺,内衣变得简单。

晚礼服方面,复古的泳衣给设计师带来灵感,甜心领(Sweetheart Neckline)和抽褶(Shirring)流行在礼服上。

由于在战时缺乏沟通和从欧洲孤立的结果,美国的时装业进入了自我发展道路,发展出一种不同的分配方法。法国高级时装设计师是向私人客户售卖衣服的创意创新者,但在战争期间,许多人被迫关闭门店。与欧洲系统不同的是,美国的设计师主要是为成衣制造商开发季节性的选样,提供给零售商店的卖家,然后公众去零售商店购买。这种新的购物方式成为一种休闲活动以及购买服装的方式,让风格和时尚趋向多元。

1945 年,战争结束,战争中的军服式女装继续流行,但开始出现微妙的变化:腰身纤细,上衣的下摆成波浪式。由于宽肩和下摆外张显得腰细,所以战后的流行就首先意识到了腰线,为 1947 年 Dior 的"New Look"埋下了伏笔。

经过十多年的限制和定量供应,在战争结束后,社会已经为改变做好准备。英国和美国的设计师和制造商开始投入大规模生产。

3.7　20 世纪 50 年代与 New Look

第二次世界大战结束后,一个新的全球文化之间互动的时代开始了。服装流行与时尚不再受一个特定的国家占主导地位的影响。相反,许多国家政治和文化的融合帮助促进了世界范围的进步。在欧洲,在战争中遭到破坏的经济社会和结构重建的问题亟待解决。在英国,丘吉尔成为首相;法国重新建立其作为世界时尚之都的地位,英国和美国的时尚产业在战争的隔离期间蓄势发展。

美国在战争结束后加入北大西洋公约组织(北约),美国和欧洲的共同防御条约形成,美国被孤立多年的日子过去了。此外,美国航空航天局(National Aeronautics and Space Administration,NASA)成立,并开始了与苏联的太空竞赛。太空竞赛只是美国和苏联之间冷战的一个方面。在这个时期,这两个第二次世界大战的胜利者由于有着不同的意识形态,所以都想成为世界领先的超级大国。在 20 世纪 50 年代早期爆发了朝鲜战争,尽管它涉及联合国,但此次战争仍被视为美苏力量和两个超级大国盟友间的较量。

　　20 世纪 50 年代,战争结束,男人们不用再上战场,女性回归家庭。在这一时期,美国经济和出生率明显增长。家庭向郊区转移,男性工作,女性回归家庭,男女在家庭中的角色回归传统。服装从军服式女装穿着变为能显示女性特征的廓形的服装,肩部的设计也不再夸张。随着越来越多的家用电器和家具的购买,家庭用品的需求和制造增加。由于额外的休闲时间和收入的增加,家庭生活蓬勃发展,信用卡普及全国。电视的普及取代了收音机,电视成为家庭娱乐的主要形式。美国的种族隔离制度被裁定为违宪。在医学和技术上,小儿麻痹症的疫苗被研制出来,人类发现了 DNA。

　　"摇滚音乐"的流行,创造了如埃尔维·斯普雷斯利和巴迪·霍利等偶像。美国音乐台的节目成为电视台热播节目。杰克逊·波洛克和威廉·德·库宁的抽象表现主义作品获得了官方的认可。电影明星

图 3-13　1950 年代的 New Look

詹姆斯·迪恩成了叛逆青年的文化偶像。展示这时代的重要电影和电视节目包括《后窗》《无因的反叛》《飞车党》《甜姐儿》《油脂》《回到未来》《我爱露西》《快乐的日子》。同在 50 年代,牛仔裤作为休闲装开始出现在人们的生活中,美国好莱坞主角几乎穿着同样的牛仔裤出现在荧幕上,知名影星詹姆斯·迪恩在《无因的反叛》中身穿牛仔裤的形象,被誉为"全世界少女的梦中情人"。明星们开始穿牛仔裤,也使得对潮流敏感的年轻人追随起来。以直筒牛仔裤搭配 T 恤和机车皮夹克成为潮流。

　　20 世纪 50 年代,巴黎高级时装业迎来了 20 年代以来第二次鼎盛时期。以迪奥为首,这一时期活跃着一大批叱咤风云的设计大师,如 Balenciaga,Pierre Balmain,Givenchy 等。

　　在法国,迪奥推出了女性"新面貌"的细腰长裙款式,与之前的战时风格形成了鲜明的对比,帽子和高跟鞋使形象看起来更完整。香奈儿重新开启了她的设计屋并推广搭配珍珠的无领粗花呢西装。美国的设计师则创造了另一面时尚,从由查尔斯·杰姆斯和阿诺德穿着的正式晚装到由克莱尔·卡德和保妮·卡什穿着的舒适运动装,即使在院子里工作,女人也穿着裙子。尽管此时,女性穿裤子已不是什么新鲜事,

但在时尚领域,裤装仍不被接受。

　　在"苏打水风格"中,十几岁的摇滚乐粉丝们在地板上跳着舞炫耀,穿着到膝盖长度、有松紧腰带的裙子和尼龙网衬裙,或为了运动饰以圆点的蓬蓬裙。马尾辫、短袜、平底鞋使这个形象更加完整。

　　男人的时尚以保守的西装和领尖钉有纽扣的衬衫的形式为主,更多停留在"常春藤联盟"式风格,以灰色法兰绒套装为主,经常穿戴软呢帽。在运动和休闲的时间,多为分离式的衣着,包括针织衬衫、裤子和运动夹克。20世纪50年代末,年轻人视叛逆的形象为时尚,皮革夹克、牛仔裤、T恤和靴子的组合搭配受到追棒。

　　时尚的进步是由新产品和新制造方法引领的。聚酯和新的人造纤维与织物的发展带来了一个缓解洗涤磨损的新方式。尼龙搭扣的出现使服装生产更迅速,且在全球范围内生产。

　　从文化上说,这十年有了重要的变化。20世纪50年代的一代被称为"婴儿潮一代"。有更多的人可以读大学,年轻人开始质疑父母保守的价值观,支持民权增长和平等的抗议开始增加,但很明显,回到战争之前是不可能的。年轻人和社会的老年人开始发生冲突,此后十年有加剧的势头。如图3-14所示,同一时期的两代人着装方式与人生态度截然不同。

　　战争过后,回归早期的浪漫主义时代,人们的审美观和价值观迅速从战争时期男性味极强的审美向和平时期的女人味形象转变。战争期间人们被压抑着的对于美的追求、对于奢华的憧憬、对于和平盛世的向往都借助着"New Look"一下子迸发出来了。如图3-15所示。

图 3-14   以夸张的局部设计与牛仔裤为代表的休闲着装成为 20 世纪 50 年代的着装特征

图 3-15   迪奥的"新风貌"

3.8　20世纪60年代与年轻化风格

20世纪50年代末,欧美各国已治愈了战争的创伤,经济开始高速增长。20世纪60年代是一个变化、革命和叛乱的时代。人类开始探索太空,而环境和能源问题也成为一个新的关注焦点。关于性自由和药物实验问题的新态度与以前的时代产生了代沟,也因此塑造了这个时代。

美国选出了一位年轻的约翰·F.肯尼迪(John Fitzgerald Kennedy)作为其第35任总统,给人们带来了改变的希望。不幸的是,肯尼迪在他的任期内被暗杀了,越南和美国之间的战争不断升级,这导致了美国青年的反叛,因此反战抗议爆发了。然而,世界的开放使一些美国年轻人有机会在发展中国家生活和工作,促进了世界和平与友谊。太空探索在继续,阿波罗号飞船降落在月球上。阿姆斯特朗成为第一个在月球上行走的人,他那句"一个人的一小步,却是人类的一大步"启发了世界。

女性和黑人追求平等的运动在此时期十分活跃。在这一时期,女性主义运动激增,避孕药的引入给予女性新的性自由意识。从20世纪50年代的民权进步,牧师马丁·路德·金和他的"我有一个梦想"的演讲鼓舞了黑人,

图 3-16　1960年代的
年代性款式

到20世纪60年代的种族大平等运动,民权运动逐渐得到总统和公民的支持。虽然参议员罗伯特·肯尼迪被暗杀使民权运动失去了太多的激情,但它仍然实现了这十年的主要目标。

在经济飞速增长的60年代,迫于快节奏的现代化消费生活,几乎每个家庭的双亲都参加工作,孩子们在物质上虽然并不匮乏,但因缺乏家庭温暖,在情感上饱受挫折与不安。在此背景下,美国相继兴起了避世派、嬉皮(Hippie)运动,大学校园里学生反传统、反体制运动等,西方社会因此并不安宁。年轻风暴强制性改变人们的世界观、价值观和审美观,嬉皮士反体制、反传统的内容中还包括反对工业革命带来的公

害,随之转变为绿色革命(Green Power),基于回归自然的理念,同时也孕育出追求民族、民间风味的流行趋势。

在社会和文化方面,时代的动荡推动了艺术和音乐的独创性。以甲壳虫乐队为首的美式英语音乐与"披头士们"(如美国歌手"海滩男孩"、詹尼斯·乔普林、吉米·亨德里克斯)流行起来。摇滚音乐的信徒们被称为嬉皮士的一代,这种青年文化反对他们父母的传统生活方式和态度。1969年后举行的伍德·斯托克音乐节,是那个时代青年的重大事件之一。

波普艺术家安迪·沃霍尔的作品被称为美国产品和绘画的象征,如《坎贝尔汤罐头》,打印可口可乐和1950年的大众偶像玛丽莲·梦露和埃尔维斯·普雷斯利的名人肖像,展示了20世纪60年代时尚的重要电影和电视节目包括《蒂凡尼的早餐》《西区故事》《毕业生》《局外人》《迪克·范·戴克摇滚音乐剧》。

这一时期的时尚使服装成为探索新的价值观的一种方式,使大众属于一个群体的感觉。在最初的几年看到了比以后几年更保守的时尚。男人穿夹克、裤子和运动衫,保持一个干净的外观。妇女穿到膝盖以下的裙子的淑女装;第一夫人杰奎琳·肯尼迪经典套装和签名礼帽的风格被复制;奥黛丽·赫本在电影《蒂凡尼的早餐》中穿着的优雅风格,是由伊夫·圣劳伦特、瓦伦蒂诺、安妮·克莱因和比尔·布拉斯等设计师在传统上加以改进而形成的新风格。

扩大的成衣市场,可向消费者提供更多的时尚风格。制造商开始在成本较低的国家做衣服。此外,零售业因陆海军商店、购物商场和重新关注复古服装的兴起趋势而改变。

公众穿着合成纤维和使用新的织物技术制作的衣服。服装成为可穿戴式艺术,通过定制和艺术版画,使迷幻图案、荧光颜色和不匹配的图案流行。制造商中充斥着全球化的影响,包括印度风格的尼赫鲁夹克和非洲有带子的长袖衣服。

与此同时,全世界掀起了一场规模空前的"年轻风暴",第二次世界大战后第二次生育高潮中出生的婴儿到20世纪60年代均达到青春期,以法国为例,在1962年后,十几岁的青少年人口接近战前的2倍,在欧美其他国家都有类似的现象。在服装方面的体现是无视腰部的设计以创造一个更年轻的廓形以及露出膝盖和大腿的超短裙。

通过近十年的发展,时尚变得更加激进,吸引了特定的群体或风格的部落。风格部落是指某特殊群体通过独特的外观,以证明他们是同一团体。年轻人,通常是青少年,有他们团体的自我认证,他们的穿着时尚与主流文化有所区分。反主流文化看起来是基于生活方式的选择,从音乐兴趣到闲暇时间的追求,新的流行趋势经常出现于大街上的款式而不是来自时装 T 台秀。

受甲壳虫乐队和英国的影响,现代风格变得流行起来。玛丽·官(Mary Quant)推出迷你裙,以及紧身衣和及膝高的靴子搭配。男人们穿着爱德华时期的风格,梳着碗盖头,戴着眼镜。女人以崔姬(Twiggy)为偶像,崔姬也是 20 世纪 60 年代"年轻风暴"背景下很典型的造型的代名词。她非常年轻,有着像小男孩般纤瘦的体型,妆容方面强调大眼睛以及苍白的嘴唇,整个造型看起来就像一个小孩。当时炙手可热的造型是蓬松的发型或假发、超短裙和女士齐膝长筒靴。野生图案和鲜艳的颜色也很受欢迎。如图 3-17 所示。

图 3-17 20 世纪 60 年代流行儿童般的体型与妆容

嬉皮士的风格成为年轻的男人和女人们"自由"穿着的风格。服装往往是松散的,由天然纤维制造成类似于吉普赛式样的风格,可以看见服装的手工细节,如扎染、蜡染、刺绣。花季少年的衣服包括喇叭牛仔裤,只穿上衣,不戴胸罩、头巾,喜爱珠子。男女都可以留长发。

太空时代风格的服装开始流行,未来的合成纤维织物构成几何轮廓。材料的选择有金属、纸或黏在一起的塑料。以银和金来塑造金属质感的外观。如帕科·拉邦纳、皮尔·卡丹、安德烈·库雷热以他们的未来设计而闻名。

20 世纪 60 年代从根本上改变了未来的时尚方向,个性和自我表达变得极为重要。人们不再追随社会精英风格,而是开始追求自我,这一态度在一定程度上改变了时尚发展的方式,甚至欧洲的服装设计师在观察到美国成衣产业的增长时也开始发展成衣。

在 20 世纪 60 年代,时尚几乎不分男女,反映在态度上的变化就是对性别的传统观念的突破。男人和女人都穿着类似的衣服,包括牛仔裤,妇女的穿着也出现了西装和吸烟装。在下一个十年里,妇女们努力地寻找平等,建立起关于女性美的观念。

在这个十年结束的时候,经济环境恶化和社会持续动荡使乐观明朗的心态开始消失。

3.8.1　安德烈·库雷热

1965 年春,安德烈·库雷热推出了两大样式:迷你裙和几何形。他的迷你裙把裙长缩短到膝盖以上 5 厘米处,女性的大腿部分裸露出来,勇敢地在高级时装领域向传统禁忌挑战。迷你裙的流行使长筒袜和长筒靴成为追求新的服装比例的重要因素,长筒袜的材质和色彩因服装搭配关系而变得更加丰富,蕾丝、织花、印花等样式各异,还有便于活动的低跟鞋等也随之流行起来。

库雷热另一大样式几何形,强调衣服表面的几何形式的构成,如分割线、色彩拼接,扣子、袋子的配置等。这种设计理念上的革新奠定了 20 世纪后半期服装设计的方向。如图 3-18 和图 3-19 所示。

图 3-18　太空装

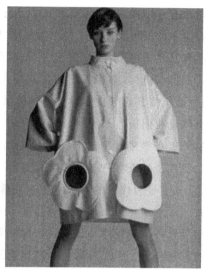

图 3-19　强调几何与立体效果的设计

3.8.2　皮尔·卡丹

在中国家喻户晓的、最早进入中国的西方品牌皮尔·卡丹的形成就是在这个年代。1966 年,皮尔·卡丹推出了"宇宙服风格",以具有铝箔色泽效果的素材加上几何形的超摩登设计表现苏美的太空竞争和人类太空时代的到来。如图 3-20 所示。

图 3-20　皮尔·卡丹的"宇宙服风格"

经济全球化进程加快,国内外服装市场竞争日益激烈,并逐渐进入以品牌、质量二元竞争核心为主的发展新时代。中国的服装市场也呈现出广阔的发展前景。为更好地开拓亚洲尤其是中国市场,皮尔·卡丹(国际)实业有限公司早些年于香港特别行政区成立亚洲推广机构,并授权广州皮尔绅士皮具服饰有限公司为中国大陆总代理,由该公司全面负责其旗下皮尔绅士高档男装、女装品牌在中国大陆市场的一切经营活动。这也就是我们所熟知的"特许经营"。

随着皮尔·卡丹等进入中国市场,中国开始了特许经营的萌芽,但此时中国的特许市场只是少数几个外资特许经营盟主的天下。这一阶段,中国对特许经营这种模式并不了解,以老字号为代表的中国本土企业普遍采取联营、技术输出、品牌输出、发展分店等模式。

皮尔·卡丹经济实力雄厚、工艺精湛、设计先进,拥有众多优秀的管理人才、设计人才及庞大的营销队伍。多年以来,本着"以质为本,诚信双赢"的经营理念,"紧跟市场脉搏,追寻时尚潮流"的设计风格,加之准确的市场定位、精致上乘的质量款式,并采用国际先进的特许经营模式,使皮尔·卡丹(国际)实业有限公司独具特色的品牌文化、企业精神得以迅速推广。

在中国经济快速增长的趋势下,特许经营在中国的快速发展令全球惊讶,特许人的数量已经跃居全球首位,并且仍然处于高速增长阶段。同时,由于市场竞争的加剧,越来越多的创业投资人把目标转向特许经营,希望可以通过加盟成熟的特许经营品牌,获得安全可靠的创业投资机会。

3.8.3　伊夫·圣罗兰

1962 年,伊夫·圣罗兰独立开店,充满朝气的宽大裤装和水手装等年轻样式广受好评。独立以后,伊夫·圣罗兰的反时装观念更为明显化,在新的时代潮流不断荡涤旧观念的时代背景下,他潜心研究服装史、文学、戏剧和绘画,博览群书,从艺术中汲取灵感。1965 年,推出蒙德里安风格,在针织的短连衣裙上用黑色线和原色块组合,以单纯、强烈的效果赢得了好评,这也是时装与现代艺术直接地、巧妙地融为一体的典范。1966 年,圣罗兰推出了"透明式"服装,秋冬季发布了吸烟装和波普艺术风格,至今一直都是圣罗兰男式女装的代表样式。如图 3-21 所示。

图 3-21　20 世纪 60 年代伊夫·圣罗兰的设计

3.9　20 世纪 70 年代与嬉皮士

20 世纪 70 年代是为社会动荡困扰的时期。在这一时期发生的几个重大事件,包括反战游行——反对越南战争,第一个同性恋大游行,妇女和少数民族继续争取平等权利的运动爆发。衰落的经济和持续的通货膨胀增加了时代的混乱,人们试图逃避现实,寻找自我。这一时期被称为"我的十年",因为大多数人的主要关注点不再是社会和政治正义的问题。当美国人转向逃避现实时,他们通过更新精神,借助于书籍阅读或运动寻求安慰。许多人停止了试图完善世界的努力,而是开始试图完善自己。

70 年代是美越战争最为激烈的时期,人民反战抗议升级。美国在政治方面,尼克松总统因"水门事件"受到弹劾并于 1974 年引咎辞职。

从第二次世界大战结束到 20 世纪 60 年代末,是美国经济最长的增长期之一,1973 年阿拉伯对西方发达资本主义国家实行石油禁运导致了天然气价格的上升和定量配给的实行。在 20 世纪 70 年代中期以来美国经济大萧条达到极点。

人口老龄化改变了社会结构。婴儿潮的那一代人离开大学,建立了他们自己的家庭。妇女在商业、政治、教育、科学、法律甚至家庭中获得了成功。关于婚姻的新态度出现了,离婚率开始上升。

同性恋运动前进了一大步,在 20 世纪 70 年代,公开的同性恋政治人物参加公职选举,如赢得了在旧金山董事会席位的哈维。联邦和州议会还通过了禁止同性恋歧视措施的法案。在这十年里,出现了许多名人,使同性恋文化成为引人注目的焦点。

最流行的娱乐形式电视,使得大众文化继续影响时尚。到了20世纪70年代,几乎每一个美国家庭都有彩电。有些家庭有两台及以上的电视机。在电影方面,《星球大战》取得巨大成功。这一时期与时尚相关的电影和电视节目有《年少轻狂》《安妮·霍尔》《脱线家族》《霹雳娇娃》和《70年代秀》。

在这一时期,摇滚乐不断发展,产生了新的变化,如朋克摇滚、新浪潮和重金属。放克乐也成为一种独特的美国黑人的音乐形式,放克乐和摇滚灵魂元素衍生出了迪斯科。

技术进步包括电脑的普及、软盘的出现等。零售条码诞生,主要用于管理库存。在交通方面,大型喷气式客机彻底改变了出行方式,个人汽车变得越来越普遍了。

在时尚界,杂志考虑到了新的价值观和生活方式。约翰逊·贝弗利成为美国时尚杂志封面上第一个黑人模特。随着品牌和标签意识的增长,美国设计师们成功地将消费顾客范围扩大到全球,更多的美国产品在海外制造。

聚酯被广泛使用,并以它明亮的颜色和质地而闻名。聚酯衣服是有吸引力的,因为他们很容易洗,不需要熨烫,但是聚酯充斥在如此大数量的时装市场,使它失去了时尚优势。加氨纶的可拉伸面料出现。

20世纪70年代的时尚和时代一样不常规。这是一段风格和款式都没有明确规范的时期。甚至裙子的长度有迷你、大码和中长,女性开始穿裤子也加剧了这一混乱的现象。如图3-22所示。

在20世纪70年代以前,裤子一般在女性身上看不到,某些顶级餐馆拒绝穿裤子的女性进入。一旦裤子变得可以接受,新品种的裤子,包括晚上穿的短衬裤、套装裤子以及热裤随处可见,热裤是很短的短裤,且有各种不同的颜色和面料制成。妇女允许穿着比20世纪60年代的微型迷你裙更短的热裤,这是没有出现过的时尚。对于女性而言,第一次觉得她们可以穿任何

图3-22 20世纪70年代的衣饰风格

长度的裤子或裙子。

男人和女人都开始穿得更随意,牛仔裤开始成为大众着装。设计师纷纷掀起了牛仔热潮,创造"设计师牛仔裤"。卡尔文成为一个家喻户晓的名字,他的公司开始签署化妆品和男装的许可证。

拉夫·劳伦斯(Ralph Lauren)创造的风格是 70 年代的经典造型之一。拉夫·劳伦斯的风格比较保守,主要单品有 Polo 衫、斜纹软呢和格子呢外套以及休闲皮鞋。拉夫·劳伦斯不仅为目标消费者增添了适用于休闲场合的舒适的服装,并且非常关注其目标消费群体的生活方式。70 年代的经典造型是从传统男性西服借鉴而发展成的女性套装。1974 年,戴安娜·冯·芙斯(Diane Von Furstenberg)推出了裹身裙,这种裙子没有拉链和纽扣,衣片裹住身体后用一根带子环绕身体然后绑住固定,非常迎合当时追求时髦的工作女性的需求。

朋克造型因薇薇安·韦斯特伍德(Vivian Westwood)而迅速发展。薇薇安给手枪乐队设计和搭配了一身服装,不论是紧身裤还是破烂的衬衣都只用别针拼合,从此她声名大噪。朋克造型的特点是黑色皮衣、铆钉装饰、金属链子、别针做的耳饰和鼻饰、道钉颈饰以及莫西干发型。

嬉皮造型也十分流行,并且融入了不同区域的文化风格(见图 3-23)。高田贤三(Kenzo)将狂野的图案和大胆的颜色融合运用到服装中,开创了民族风趋势。从美式田园风的碎花裙到中国式棉袄,再至印度棉麻长裙,民族风的流行促进了各国手工作品的发展。

图 3-23　嬉皮士避世闲散的着装风格

　　美国传奇夜店 Studio 54 推动了迪斯科（Disco）音乐的发展，也促使了迪斯科造型的流行。侯司顿（Halston）是 20 世纪 70 年代最出彩的设计师之一，他给许多当时的明星和潮人设计搭配过造型。侯司顿因推出仿麂皮面料、吊带连衣裙出名，人们通常穿着此搭配去舞厅跳舞。除此之外，迪斯科造型的特点还有超高防水台的高跟鞋、紧身裙以及中性风格的打扮。迪斯科舞者则通常是浮夸、闪耀的打扮。电影《周末狂热夜》(*Saturday Night Fever*)中约翰·特拉沃尔塔（John Travolta）的装扮就是迪斯科造型的典型例子。如图 3-24 和图 3-25 所示。

图 3-24　20 世纪 70 年代的迪斯科风格

图 3-25　受 20 世纪 70 年代风格影响的现代设计

3.10 20 世纪 80 年代与街头时尚

20 世纪 80 年代的时尚态度由原本的突出风格向后现代主义风格的多元价值取向转变。人们渴望新的繁荣时期到来,渴望摆脱 70 年代那场经济大衰退带来的影响。在婴儿潮一代和雅皮士(Yuppies,都市职业青年的代名词)的带领下,80 年代的经济开始增长,品牌逐渐成为象征地位的符号,信用卡额度的放宽和可支配收入的增长刺激了消费者的购买欲望。罗纳德·里根(Ronald Reagan)在任时期给美国带来了欣欣向荣的景象,美国终于从 70 年代的经济大衰退中走出来。人们渴望努力工作赚钱,急于炫耀自己的财富。

世界范围来看,中东的暴力冲突和美苏冷战导致世界仍不太平,美国尝试与苏联签订核武器保护协定。英国方面,查尔斯王子和戴安娜王妃的婚礼是 1981 年的头条新闻。社会上,女性的社会地位取得了巨大的进步。进入职场的女性被称为“女强人”,她们能平衡工作与家庭生活的关系。许多家庭都有两份收入,父母皆有高薪的工作和杰出的事业。

在这十年中,不恰当的性行为和毒品的泛滥导致艾滋病急剧蔓延。许多时尚产业的领军人物和一些著名的设计师都死于艾滋病,比如派瑞·艾力斯(Perry Ellis)和侯司顿(Halston)。

电脑在工作场合得到普及,并且开始改造业务系统,象征着一个新的技术时代的到来,导致全球制造业的迅速发展。人们在休闲时间的活动也因电脑游戏的开发而转变,任天堂开发的游戏《吃豆人》(Pac-Man)十分受欢迎。

尽管这个年代里有很多因素影响着人们,但是流行文化依旧是将人与人连接到一起的强大方式。1981 年第一支音乐电视(MTV)的诞生促使了歌手成为明星,迈克尔·杰克逊(Michael Jackson)和麦当娜(Madonna)破空而出。新的音乐风格说唱饶舌(Rap)和嘻哈(Hip Hop)音乐开始流行。歌手和社会名人联合起来,举办了很多慈善活动筹集资金,用于救助饥荒、环境保护等。70 年代流行的迪斯科舞蹈在 80 年代初被来自街头的霹雳舞所替代。

一些模特成为比电影明星更加受人欢迎的偶像,辛迪·克劳馥(Cindy Crawford),克莉丝蒂·杜灵顿(Christy Turlington),娜奥米·坎贝尔(Naomi Campbell),琳达·伊万格丽斯塔(Linda Evangelista)是当时最受追捧的超模,各大秀场、顶级时尚杂志封面、时尚视频都有她们的身影。

　　80 年代的流行趋势结合了街头时尚和高级时装,尤其是受到街头嘻哈音乐的影响。嘻哈起源于 80 年代,是一种美国街头黑人文化,发挥了黑人独有的乐观开朗的特质,逐渐在全美蔓延开来,进而扩散到全世界。嘻哈造型的主要特点为,宽大的印有夸张 Logo 的 T 恤,拖沓的板裤、牛仔裤或是侧开拉链的运动裤,配件则有巨大的太阳镜、渔夫帽和刻有名字的项链及腰带,手上戴好几只夸张的戒指更是必不可少的。直到现在,这些繁重的首饰仍是嘻哈风格的时尚标志。

图 3-26　嘻哈造型的典型形象

　　对奢侈品的渴望将欧洲的设计师们带回美国市场。乔治·阿玛尼以其精致的西装和复杂的晚礼服而闻名。克里斯汀·拉科鲁瓦(Christian Lacroix)以他的奢侈和戏剧风格而闻名。让·保罗·高耶提(Jean Paul Gaultier)显示了独立和挑衅的风格,如 20 世纪 80 年代麦当娜在舞台上穿着的著名胸衣,克劳德·蒙大纳(Claude Montana)和蒂埃里·缪格勒(Thierry Mugler)以非常宽阔的肩膀、纤细的腰部和未来的廓形而闻名。

　　日本设计师也冲上了时尚的舞台。川久保玲、三宅一生、山本耀司创作与其他时尚完全不同的设计。在非典型的廓形中有机地与身体相连的衣服,采用无形和解构的方式,因此日本流行艺术形式被一些人视为精彩的欣赏艺术。

　　在美国,唐娜·卡伦和拉尔夫·劳伦继续专注于时尚生活方式,设计智能可穿戴的服装。设计师和制造商之间的许可协议促进了业务发展,一些设计师往往二次创作,提供了更公道的价格。史提芬以他前卫的外表和艺术灵感而闻名。

早期,每一个团体持续发展他们独特的风格,音乐电视台的创作革新了时尚,给予每一个音乐风格时尚感。有些流行音乐风格包括连身裤、贴身内衣,楔形的廓形,穿紧身衣或彩色的袜子。霓虹灯和明亮的颜色混合在一起。配件有无指手套、大而华丽的珠宝,佩戴奢华发饰,流行卷曲、染色和超大的发型。

时尚的另一个影响是健身热潮,大号的针织上衣配以下身氨纶紧身衣和护膝。运动鞋和球鞋在健身房内外都可穿。

20世纪80年代可以被定性为一个文化转移和经济波动的时期。增加的财富可以扩大工业化市场和美国的主导地位,同时引起社会性别角色和理想的转变。这些因素也使时装界产生了巨大的变化。这十年的炫耀性消费后,经济低迷,社会运动清醒了,开始向克制和节俭的方向发展。

80年代,麦当娜(Madonna)的音乐也影响着潮流,1984年麦当娜开始灌录唱片,并且取得极大的成功,她穿着大胆,服装极为短小,衬衣像内衣与胸衣的混合,戴着宗教性很强的首饰,头发染色拙劣,当时千千万万的女性都模仿她的这种打扮和穿着。如图3-27所示。

图 3-27 麦当娜(Madonna)

3.11　20 世纪 90 年代与极简主义

继奢侈的 80 年代后,20 世纪 90 年代的时代精神是一个清醒的态度,极简主义和随意性盛行。计算机、手机和互联网的发展使全球化和现代文化的发展发生了革命性的变化。人们通过互联网迅速得知最新的新闻。这个时期,基因学的发展导致引发伦理问题的克隆生物的出现。艾滋病疫情则继续蔓延。

随着苏联解体和冷战结束,全球化时代真正到来,美国成为唯一的超级大国。世界和平方面,中东爆发海湾战争,国际恐怖组织兴起。在南非,权利平等的倡导者曼德拉(Nelson Mandela)获释,当选总统,标志着南非种族隔离政策一去不复返。

世界各地发生了巨大的经济变化,全球制造业和贸易扩大。由于中国和其他发展中国家制造能力的提升,导致美国制造业持续下降。北美各国即美国、加拿大和墨西哥之间签订了北美自由贸易协定(NAFTA),逐步取消各国之间的进口限制。在欧洲,通过了新的欧盟货币——欧元,增强了欧盟各国的财政实力。

随着有互联网和电子邮件构成的互联网文化的兴起,人们改变了工作、购物和娱乐的方式。传统的朝九晚五的办公室工作方式改变为可以在家工作,工作时间分配更加弹性。“周五便装日”(Casual Friday)诞生,为了更好地提高职场人士的能力和增进职场人际关系,许多公司开始组织起每周一天的便装日,在这一天,专业人士不用穿着正式的商务着装。线上拍卖网站易趣网(eBay)于 1995 成立,改变了零售业务的发展方式。通过邮件订购产品以及互联网购物的增长让零售业务更加复杂及高效。电视游戏、DVD 和家庭娱乐系统如任天堂和 PlayStation 风行一时。

电影明星、歌手和偶像们创造了一个新的名人模式,此时的时尚杂志封面人物以超模和名人为主。真人秀节目和情景喜剧开始流行,包括《真实世界》《警察》《飞跃情海》《宋飞正传》《老友记》和《辛普森一家》。展示了这个时代时尚风貌的重要的电影包括《云裳风暴》《街区男孩》《甜心先生》《为所应为》《政律俏佳人》和《威胁Ⅱ》。

此时的零售业态方面,巨型的购物中心开放,如位于明尼苏达州明尼阿波利斯市的购物中心,占地面积达到 78 英亩;提供打折商品的奥特莱斯商城开始出现;设计师品牌则建立了较低的价格,以增加他们的销售数量;零售商则纷纷开始发展自有品牌。

与 20 世纪 60 年代相似,音乐在某一程度上也定义着时代精神。嘻哈、说唱、另类摇滚和泰诺克音乐(Techno)的风行,反映了青年不满现世的态度以及悲观的价值观。每一个音乐流派都影响了它的追随者,创造了独特的造型,如嘻哈造型和另类摇滚产生的垃圾摇滚风格造型。

　　进入90年代以来,欧美经济一直处于不景气的状态,能源危机进一步增强了人们的环保意识,"重新认识自我""保护人类的生存环境""资源的回收和再利用"成为人们的共识。故20世纪90年代的流行倾向,为"回归自然,返璞归真",人们从大自然的色彩和素材出发,原棉、原麻等粗糙植物广受欢迎,未受污染的地域性文化如北非、印加土著等民族图案和植物纹样印花织物等都是90年代受青睐的元素。

　　20世纪90年代早期的时尚反映了时间传达的情绪,其通过最小的和非正式的着装方式呈现。最重要的是,在这十年里,个人主义盛行。人们不再跟随潮流,因为它们已经过去;相反不时尚被誉为新时尚。

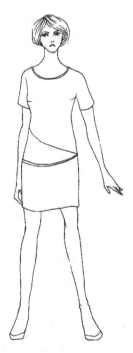

　　黑色成为简约的服装的主色,而配件和装饰消失,造型突出简单干净。吉尔桑达和卡尔文以无色、流线型风格闻名。如图3-28所示。

　　在工作场所和在家里的人都采用了一种非常随意的风格。宽松的态度反映了新的工作环境,允许男人穿斜纹棉布裤、宽松的衬衫,不系领带。像GAP和香蕉共和国设计的服装就能满足这种更随意的需要。随着氨纶的广泛使用,许多织物增加了舒适弹力。此外,20世纪80年代包括瑜伽服和针织运动服在内的健身服装演变成休闲服装。

　　伴随生态学同时出现的是人们对资源的珍视,主要表现为未完成状态的半成品出现:故意露着毛边、有意把毛边强调成流苏装饰,或有意暴露衣服的内部结构,粗糙的大针脚成为一种饶有趣味的装饰等,透着浓烈的原始味和后现代艺术的痕迹。除此之外还有旧物、废弃物的再利用和仿皮毛及动物纹样面料流行。

图3-28　20世纪90年代的代表性款式

　　垃圾摇滚风格造型是由西雅图的另类摇滚音乐家的穿着引发而来,主要特点有凌乱的上衣、法兰绒衬衫、破牛仔裤、匡威运动鞋和蓬头垢面分层式穿搭。垃圾摇滚风格的追随者常常攻击前十年浮华的审美,以音乐和时尚的方式反抗社会,反时尚成为主流的时尚。

　　70年代和80年代的朋克演变成哥特。这种另类的时尚,也被称为工业朋克,特点是黑色的皮质形象、紧身胸衣、金属的点缀,网袜配着防水台的皮靴穿着以及在身上各种地方打孔和纹身,染五颜六色的头发。

接近 90 年代尾声时,学院风盛行。学院风格指的是传统的外观,包括运动风格的针织衫,经典的西装、衬衫和羊毛衫,毛衣类的专业外观。灵感来自职业装和校服,学院风与凌乱的风格形成强烈的对比。

在欧洲,一些经典的时装品牌引进了新的英国和美国的人才,以振兴服装生意,如迪奥的约翰·加里阿诺(John Galliano),纪梵希的麦奎因(Alexander McQueen)和古驰(Gucci)的汤姆·福特(Tom Ford)。除了新鲜的人才,大公司纷纷创建的子公司并购发展新的品牌和与原本目标消费者生活方式相关的其他业务,比如二线的服装线、化妆品线等。时装业从单独的企业向时尚集团转变。

在 20 世纪的最后十年,多元化和个人主义改变了社会看待和回应时尚的方式。政治、经济和科技的全球变化使得时尚业进入了一个比以往任何时候都更大的市场。这个行业需要适应更大的全球社区的需求。

3.12　沃斯与高级时装

3.12.1　沃斯的生平背景

1825 年出生于英格兰林肯郡郊区的查尔斯·弗莱德里克·沃斯(Charles Frederick Worth)在一个半世纪前为今天的巴黎高级时装业打下了第一块基石。他 12 岁时到伦敦一家纺织品商店当雇工。1845 年,20 岁的沃斯带着几英镑的全部财产来到了巴黎,先在一家新品商店打零工,之后在大量的法国名流、贵族和风月女子聚集的富名街号的著名 Gagelin 高级面料商店里找到了一份推销助理的工作。店铺四周也聚集了许多成功的法国裁缝店铺。

1851 年,在英国举办的世界博览会上,他设计的女装获得了一等奖。后来在瑞典资本家奥特·包贝尔葛的资助下,他于 1858 年在巴黎开办了一个拥有 20 名店员的时装店。一开始,他就与巴黎其他的时装店不同,他把自己的店铺布置成沙龙式,在室内陈设、照明方面都别出心裁,以上流社会的高级顾客为对象,并且第一个使用人体模型来展示自己的设计。沃斯成为当时法国皇后的服装设计师之后,迎来了事业的高峰,1860 年,沃斯被聘为皇室专职服装设计师,更是如鱼得水,不断创新女装,深受欢迎。而且,他的声誉很快从法国扩大至欧洲其他国家,到 1865 年,他的顾客已遍及英国、俄罗斯、奥地利、西班牙、意大利等国的王室和贵族。

　　1893 年 3 月 10 日沃斯在巴黎逝世。他的儿子继续经营他的高级时装店。当时英国的《时代》杂志发表评论说:"一个来到巴黎的英国青年,却规定了巴黎时装的风格和趣味,同时也在巴黎无可争辩地控制着世界上所有王室贵族和市民们服装的美好风格。"

3.12.2　沃斯对高级时装的影响

　　到 1867 年巴黎博览会召开为止,沃斯时装屋至少拥有 1200 名职员,向全世界出口服装。他的成功对许多设计师都是一个强烈的刺激和启发,引起一些设计师的效仿,于是,巴黎逐渐形成了以上流社会的高级顾客为对象的高级时装业。沃斯为巴黎确立"世界流行中心""世界时装发源地"的国际地位树起了一面令世人瞩目的大旗。

　　现在,时装界的许多传统习惯都与沃斯有关,让真人模特穿上设计师的新作向顾客展示高级时装发表会就始于他。他创造了自己采购、选择面料、创立工作室、拥有专属模特儿、每年举办四次作品发表会等一系列创作和经营紧密结合的崭新经营法。他也是第一个向美国和英国的成衣商出售作品的设计师。他给巴黎乃至法国的时装产业带来了活力和繁荣,使当时不太景气的里昂丝织业得以起死回生。

3.12.3　沃斯社交圈对象分析

　　按照文献所述,现代时装设计的形成是在 19 世纪末 20 世纪初。那时法国巴黎超越了意大利及英国等文化重地,渐渐成为公认的世界时装发展中心,在这个欧洲魅力之都中,成就了时装设计师,也同时造就了大批时尚的追捧者,并逐一形成繁华的时装商业。而这一切对我们来说看上去顺理成章,但对法国人来说却有一丝讽刺的意味,原因是造就整个巴黎时尚繁荣景象的并不是法国人自己,而是一位名叫查尔斯·弗莱德里克·沃斯的英国人。

　　沃斯成名之后,周围聚集了一批当时的欧洲时尚追随者,其中不乏上流社会的王室和贵族们。沃斯的社交圈对象不仅仅是为了一场舞会挖空心思,提前几个月就开始定制礼服、设计发型、调制香水的贵族妇女小姐们,还囊括了当时最有势力与财力的政界名流与资本家们,以及当时巴黎社会的演艺界明星和高级交际花。他们共同参加沃斯的家庭晚宴,如同沙龙聚会一般谈笑风生,展示着当时法国资本主义上流社会奢靡、优雅、华丽的生活方式。

1. 社交圈中皇室、贵族的往来对象

图 3-29 欧仁妮皇后

起初,沃斯通过自己的方式与上流社会有了交集,当时,奥地利的麦太尔尼黑公爵来到巴黎就任驻法大使,公爵夫人梅特涅正为即将到来的欢迎舞会的着装而发愁。精明的沃斯马上让妻子带着几张专为公爵夫人设计的时装效果图前去拜访。刚到巴黎的公爵夫人为沃斯的高雅品位心动不已,立刻就订购了两套。沃斯使出浑身解数在最短时间内精心制作了公爵夫人的舞会"战袍"。我们无从考证当年宴会上的奥地利公爵夫人是何等光彩夺目、艳惊全场。但是,史料上记下了法国欧仁妮皇后和她的一段对话:"这件衣服是谁设计的?""是一个刚刚立足于巴黎时装界的年轻人。""是吗?如果是个新星的话,往往实力难测,明天 11 点请他到这里来!"后面的故事顺理成章,欧仁妮皇后(见图 3-29)将沃斯领入了所有的欧洲贵族及富豪圈。这让他本人及其时装屋声名鹊起,甚至在美国的杂志上也可以看到他的名字和服装。

欧仁妮皇后可以说是沃斯在上流社会立足的关键人物,作为法兰西第二帝国皇帝拿破仑三世的妻子,她拥有无法计数的珠宝与华服,也具备了制造流行兴趣的才智与能力。欧仁妮作为法国宫廷流行的引导者和发布者,主导了整个欧洲女装的风尚品位。她沉醉于当时一切给人美好印象的事物之中。她充满热情与活力;她热衷于首饰和节庆等事情。从 17 世纪开始,法国就一直占据着艺术和时尚的制高点,凡尔赛宫里的每一次舞会都像是一场时尚发布会。在舞会上哪位女士最吸引人,那么很快,她的装扮就将成为最新流行样式从巴黎流传到米兰、伦敦、柏林、马德里还有维也纳的宫廷,然后再迅速向民间渗透。

在当时,女性的着装不仅仅展现了她们自身的美丽,也通过服装反映出丈夫的权威和财富,女性被看成男人的"玩偶"和财产加以模式化。这个特征在上流社会中体现得更加明显。她们追求完美,不惜一掷千金也要在服装上使用最新的奢华面料,并镶上几十万颗小钻石,或者从稀有的金刚鹦鹉身上拔下几根色彩斑斓的羽毛。她们奢华优雅有格调,这让有资产的阶层最是趋之若鹜,或许是她们身上有一种当资本急速积累后迫切需要体面的本质。在成为拿破仑三世的皇后之前,欧仁妮也历经坎坷,本身就具有传奇色彩。虽然欧仁妮不可能做到尽人皆知,但她的美貌和高雅风度很快使她成了名人。欧仁妮皇后让沃斯成为她的专属服装设计师,负责设计她的华服与打扮。据说,在所有众多贵族客户中,能让沃斯提供上门服务的也只有尊贵的欧仁妮皇后一位。

　　沃斯的高级服装产生于当时欧洲的时尚之都巴黎,而当时法国的政权属于拿破仑三世。他代表了当时最大的资本主义,掌控着整个国家的政治经济等一切权利,可以说是当时法国权力和财富的最高拥有者。拿破仑三世付出了巨大的精力来发展资本主义经济,当时沃斯的设计符合了资本主义政治制度的意识形态和审美情趣,并且影响着社会普通阶层的审美。作为当时时尚风向标的沃斯,也与拿破仑三世有着交易与往来。

　　当时上流社会的生活方式总是与各类消遣活动联系在一起,拿破仑三世也不例外。拿破仑三世和欧仁妮的宫廷生活经常给人留下引人入胜的回忆,它的辉煌期正是巴黎社交界的繁荣期,因此比以往的宫廷更引人注目。拿破仑三世曾经在俯瞰大海的峭壁上为欧仁妮皇后修建了一栋大别墅,他们邀约宾客一起出海漫游或登山游玩,沉湎于唱歌、跳舞,他们经常要考虑的问题是如何打发时间。沃斯除了专注于自己的服装生意之外,对于上流贵族们的生活状态也十分关注和了解,在最初与上流社会阶层的来往中,沃斯也极尽才能,展现着自己的风度。

　　除了巴黎上流社会的王室之外,沃斯的朋友圈里也有来自欧洲其他国家的贵族成员,爱德华七世就是其中一位。他是维多利亚女王和阿尔伯特亲王的第二个孩子,还是长子,为了把这位王储培养成为合格的王位接班人,维多利亚女王为他安排了令人抓狂的教育计划。高压式教育下的爱德华七世比同龄人更加叛逆,简直是一个传奇式的捣蛋孩子。他从来就不是读书的材料,无论如何努力都无法达到父母的期望,让父母和家教们大伤脑筋。再加上爱德华七世的姐姐安妮公主品学兼优,更加倍突出他的弱点。在弟弟妹妹面前无法树立一个为人兄长的好榜样。在外人眼里,他只不过是名懒散、骄奢淫逸的纨绔子弟。即使是在婚后他也常常出去寻花问柳,夜不归宿,要么在英国的某家咖啡馆蹲点,要么出入巴黎的各大风流场所。当他怀孕的妻子患上风湿热、病入膏肓的时候,仆人不得不连发三次电报才把他从赛马场叫回来,然而他也只待了几分钟就迫不及待地离去。

在沃斯的社交圈里,爱德华七世扮演着贵族花花公子的角色,他在沃斯的聚会上结识着上流社会的名人以及各类明星演员。当时沃斯的客户之一英国著名女演员莉莉·兰特里就是爱德华七世的情妇。在这个上流社会的社交圈里,或是有着赫赫威名的贵族王室,或是富霸一方的资本家,或是努力跻身上流社会的高级交际花,他们相互连接着、共享着上流社会的人脉资源。

爱德华七世也有一腔抱负,他是一个能力卓越、精力旺盛的人,他对涉外政策颇感兴趣,一直渴望能够处理外交部急件。爱德华七世极具前瞻性,他意识到君主制想要在 20 世纪存活下去,王室就必须在公众视野里非常活跃。他参加医院开建的奠基石仪式、剪彩、启动轮船等,几乎一夜之间,爱德华七世改变了王室在公众眼中的形象,王室不再神秘莫测,而是平易近人。这种由他开创的作风至今仍影响着英国王室。

2. 社交圈中的资本家

沃斯社交圈中不可忽视的美国资本家巨头就是金融寡头 J. P. 摩根(J. Pierpont Morgan),他是美国经济发展史上一个重要的人物。他对美国经济的发展有着不可磨灭的贡献。摩根从一个无名小辈,经过艰辛的奋斗,依靠自己的聪明才智和做生意的天资在强手如林的金融界站稳脚跟,并一一击败对手,终于发展成为华尔街第一号人物,荣登美国经济霸主的宝座。

他是美国银行家、金融巨头,亦是一位艺术收藏家。作为美国近代金融史上最著名的金融巨头,老摩根一生做了太多影响巨大的事情,但最辉煌也最能体现其实力的是,在半退休时,他几乎以个人之力拯救了 1907 年的美国金融危机。1913 年 3 月 31 日,摩根于意大利罗马过世,其后遗体被送回纽约,华尔街降半旗以示敬意。

沃斯和摩根有着类似的经历,他们都是通过自己的智慧收获名与利。同样都有自己专注的事业,不同的是摩根所属金融业,沃斯建立的是自己的服装产业。摩根的生意头脑也同样影响着沃斯,在沃斯高级时装屋的发展过程中,沃斯就提出了接近于现代的商品销售计划。他通过各种方式获取了大量的昂贵面料,并扩大生产,提高了高级时装的产量,并将自己的款式图纸贩卖给国外服装生产商。他所建立的高级时装产业也成为法国经济支柱之一。在同场合的聚会交流中,沃斯获取的不仅仅是八卦绯闻,也探讨有关国家的政治或经济发展问题。

3.社交圈中的明星演员

莉莉·兰特里（见图 3-30），是爱德华七世最著名的情妇，也被认为是 19 世纪七八十年代英国最著名的美女，画家、诗人、王子、贵族、总理等都被她迷得神魂颠倒，画家 Millais 给她画肖像，诗人 Oscar Wilde 给她作诗。按西方人的审美标准，莉莉·兰特里可称得上维多利亚皇后时代伦敦最著名的"职业美女"（"职业美女"是对那些既漂亮又有气质的贵妇人的统称），她肌肉丰满，高高的个子，长相也令公众为之倾倒。

图 3-30　莉莉·兰特里与高级交际花科拉·珀尔

莉莉·兰特里生于英国 Jersey 岛，后来该岛在第二次世界大战期间被德军占领。小岛的好气候让她拥有姣好的皮肤。莉莉第一次参加社交活动，肖像被画家画了下来，画家把她的肖像卖到商店里，然后一下子就引起了轰动，人人都想知道这个美女是谁，画店当场就复制了 500 份。社会各类贵族名流都被她的肖像引过来，使她成为传奇人物。爱德华七世高价包养她，说在她身上花的钱能建一艘大战轮。

1881 年，莉莉·兰特里成为有名的演员，当时女主角在公共场合都要保持豪华时尚的用度，因此也会耗费很多金钱和精力在服装上面。当时剧场的新服装只提供给女主角们，配角们只能穿仓库的旧衣服或者剧场提供的衣服。

而在当时，沃斯在时装界拥有绝对的话语权，在女演员心中他的服装从来不会过时或者缺乏美丽。她们对沃斯的服装屋趋之若鹜，因为沃斯是当时最著名的服装设计师。她们钦佩他的智慧、经验以及想象力,穿着沃斯设计的时装感觉能成为巴黎舞台上最时尚的表演者。

4. 社交圈中的艺术家

19世纪下半叶,法国著名的印象派画家塞尚也是沃斯社交圈中的一员,沃斯曾把美丽女孩的照片给塞尚描绘。当时的沃斯崇尚在名画中寻找设计的灵感。服装对于沃斯而言,同样也算是一门艺术。19世纪60年代中期,巴黎开始成为时尚之都,印象派画家们也随之开始在自己的作品中描绘那些时髦的男男女女。在当时画家的作品中,我们可以看到画中同时代的女性们所穿着的华服的款式。那些新奇和令人目不暇接的最新潮流趋势不断激发着一代艺术家和作家以其微妙的笔触与情感表达对现代生活的欲望。与当时主流的社会肖像类画家强调细节刻画的精致风格形成鲜明对比,印象派画家仍然用他们含蓄的笔触和色调描绘对象,反映一个时代的精神风貌。

19世纪60年代流行的衬裙礼服大衣设计在当时印象派艺术家的作品中得到印证。这一观察帮助我们探寻了巴黎女性、法国时尚与现代生活、当时艺术潮流间的紧密关系。

沃斯作为当时时装行业的领导者,他所设计的服装的款式变迁也能够在印象派画家的作品中发现身影。

表 3-1　沃斯社交圈一览表

沃斯社交圈阶层	社交圈对象	人物概述
贵族、皇室成员	拿破仑三世（Mapoléon Ⅲ）	拿破仑三世是法兰西第二共和国总统及法兰西第二帝国皇帝，拿破仑三世的政权代表大资产阶级利益，因而得到工商资本家和金融资本家的支持，也得到了天主教势力的拥护。拿破仑三世付出了巨大的精力来发展资本主义经济。可以说，是当时法国权利和财富的最高拥有者。
	欧仁妮皇后（Eugénie de Mojito）	欧仁妮皇后是拿破仑三世的妻子，在成为拿破仑三世的皇后之前，欧仁妮也历经坎坷，本身就具有传奇色彩。欧仁妮虽无法尽人皆知，但她的美貌和高雅风度很快使她成了名人。欧仁妮是法国宫廷流行的引导者和发布者，主导了整个欧洲女装的风尚品位。
	爱德华七世（Edward Ⅶ）	维多利亚女王和阿尔伯特亲王之子，曾任英国国王，是一位极受人民爱戴而和蔼可亲的君主及社会领袖。1863 年他的婚礼在温莎宫隆重举行，从此他摆脱了母亲的"控制"，开始了更自由的生活，马场、舞会、餐桌和女人的床是他经常光顾的地方。
资本家（银行家）	J. P. 摩根（J. P. Morgan）	约翰·皮尔庞特·摩根是美国银行家、金融巨头，亦是一位艺术收藏家。摩根从年轻时就敢想敢干，很富有商业冒险和投机精神。作为美国近代金融史上最著名的金融巨头，在半退休时，他几乎以个人之力拯救了 1907 年的美国金融危机。
上流社会高级交际花	科拉·珀尔（Core Pearl）	法国 19 世纪的交际花，她在法兰西第二帝国时期享有最鼎盛的名誉。
艺术家（画家）	塞尚（Paul Cézanne）	法国著名画家，是后期印象派的主将，从 19 世纪末被推崇为"新艺术之父"。年少时离家来巴黎学画画，1870 年，为了逃避征兵，他隐居埃斯塔克。战争一结束，他定居巴黎。他的画风一直是激烈、暗淡和戏剧性的。
戏剧演员	莉莉·兰特里（Lillie Langtry）	Lily 第一次参加社交活动，肖像被画家画下来，社会各类贵族名流都被她的肖像吸引过来，使她成为传奇人物。她也是爱德华七世的情妇，也被认为是 19 世纪七八十年代英国最著名的美女。

3.12.4　沃斯的作品分析

依据沃斯所生活的年代（1825—1895 年），我们主要探讨克里诺林时代（1850—1870 年）、巴斯尔时代（1870—1890 年）、"S"形时代（1890—1914 年）的服饰风格。依照这三个时代的服饰流行，在沃斯各个时期的服装中同样能够体现出不同的差异特征来。本书依据这三个时代不同的服饰风格对沃斯的服装作品进行分类研究。

1. 沃斯作品中克里诺林服饰（1850—1870 年）

由于英法资本主义的发展和法国第二帝政宫廷的权威，流行的主权又一次从名演员那里回到了宫廷。拿破仑三世的妻子是有名的美人欧仁妮（Eugénie，1826—1920），她活跃于高级社交界，法国宫廷也几乎以她为中心。她气质优雅，感觉敏锐，对当时的流行影响很大。由于这个时代又一次复兴了 18 世纪的洛可可趣味，因此被称为新洛可可时期，又因女装上大量使用裙撑"克里诺林"（Crinoline），故服装史上也常称作克里诺林时代。

当时，除了因生活所迫而劳作的下层妇女之外，女性参加劳动是不被社会认可的，理想的上流女子是纤弱的，面色白皙、小巧玲珑、文雅可爱的，是供男性欣赏的"洋娃娃"。这种女性美的标准，使女装向束缚行动自由的方向发展，于是贵族女子在着装上也开始朝束缚自己自由行动的方向努力，其中裙子是最受重视的服饰。

当时，裙子沿着上一时期浪漫主义出现的膨大化倾向继续向前发展，新的裙撑——克里诺林应运而生。克里诺林的使用大大减少了衬裙的数量，但初期的克里诺林是一个圆顶屋形的硬壳，很重，极为不方便。1850 年年底，英国人发明了不用马尾硬衬的裙撑，这是用鲸须、鸟羽的茎骨、细铁丝或藤条做轮骨，用带子连接成的鸟笼子状的新型克里诺林。1860 年传入法国，受到以欧仁妮皇后（见图 3-31）为中心的法国宫廷和社交界上流女性的青睐，进而在整个西欧社交界成为一大流行，以致影响到西欧各国所有阶层，甚至农妇们也仿效其形式。

19 世纪 60 年代中期，克里诺林上部的轮骨逐渐被取掉，最后只留下摆处的轮骨，裙子的外形变成自腰部斜着直向下摆的金字塔状，其装饰手法也变成用蕾丝、缎带或窄布条制成的纵方向或横方向的大花纹装饰。

如图 3-32 所示是沃斯在 1869 年设计的一款婚纱礼服，我们可以看出当时女性追求的裙子的膨起程度，十分令人惊叹。裙摆拖地，加上硕大的裙围，使贵族女子的行走比浪漫主义时期更加困难。裙子上的边饰、花朵等装饰点缀在裙子的各个部位,而且本身的面料质感和色彩选择也十分讲究,营造了一股华丽的宫廷风潮。

图 3-31 穿华服的欧仁妮

图 3-32 沃斯的婚纱作品

然而,这种在女装下半身形成巨大空间的克里诺林也常给女性带来另一方面的担心,如果在室外突然遇到大风,像伞一般的克里诺林很可能被吹翻起来,这将使处于不允许暴露玉腿时代的贵妇们十分尴尬,因此不得不在里面加上衬裤或者衬裙。这种极端的流行也引起了社会的嘲讽,有人在杂志上发表文章攻击克里诺林是妇女在商店行窃的庇护伞,罗列了某贵夫人行窃的众多物品,提醒人们警惕。因此,后来欧仁妮皇后和维多利亚女王都声明自己不使用克里诺林了。达到顶峰的克里诺林开始急速衰落下来,到 1868 年,裙子的膨起状态向身后转移,即向巴斯尔样式过渡。

2. 沃斯作品中巴斯尔服饰(1870—1890 年)

1870 年的普法战争,法军惨败,拿破仑三世被俘,欧仁妮皇后逃亡英国,豪奢的宫廷生活成为过去。1871 年,巴黎公社成立,沃斯的高级时装店关闭。时装界一度消沉,巨大的"克里诺林"被反省,便于生活的机能性服装受到重视,巴斯尔又一次复活。巴斯尔样式也称后裙撑式,它是以撑起女子身体的后臀而改变女子形态的一种服装表现手法。19 世纪的巴斯尔是一种附加在身体后臀及以下部位的非强制性的衬裙式裙撑。巴斯尔样式重要的是臀部的装饰。为了强调翘起的臀部,人们在裙子上装饰了蝴蝶结、花边褶等装饰品。

图 3-33　沃斯作品中巴斯尔服饰

　　1877—1880 年流行上下都很紧身的样式,裙子下摆变窄,连腿部迈步都有点困难,如图 3-33 所示为沃斯 1877 年设计的一款服装。这时人们常在紧身裙上配上一条别色罩裙,罩裙(有的是一块装饰布)或卷缠在腿部,或装饰在腰部,多余部分集中于后臀部,下摆呈美人鱼一样的托裾形式。

　　19 世纪 80 年代,随着各种样式裙撑及臀垫的出现,巴斯尔进入全盛期。如图 3-34 所示为沃斯于 1885 年设计的样式,裙子造型逐渐变大,臀部的夸张也达到了极限程度,以各种硕大的蝶结、堆积的褶皱装饰后臀,与前凸的胸部相对衬,其曲线优美而挺拔,其装饰雍容而华贵,充分体现了新艺术运动所追求的形式主题。巴斯尔时代的女装,除凸臀的外形特征外,另一个特色即托裾。托裾这种形式早在中世纪就出现过。15 世纪,托裾的长短还被作为宫廷中身份高低的标志,在 1866 年左右,也曾出现过拖地 1~2 米的样式,到巴斯尔时代,托裾十分普遍,特别是夜礼服和舞会用服中,托裾非常流行。

　　与后凸的臀部相呼应,这时女装在前面用紧身胸衣把胸高高托起,把腹部压平,突出“前挺后翘”的外形特征。强调衣服表面的装饰效果是巴斯尔样式的又一大特征。

图 3-34　沃斯的"巴斯尔"式服装

图 3-35　沃斯的"S"形服饰

3. 沃斯作品中 S 形服饰（1890—1914 年）

　　19 世纪末 20 世纪初，欧洲资本主义从自由竞争时代向垄断资本主义时代发展。英、法、美、德等发达国家进入帝国主义阶段。帝国主义之间相互争夺市场和殖民地的矛盾日益尖锐，最终爆发了第一次世界大战。但在大战前的二十多年间，欧美各国经济发展得很快，一般把这段历史阶段称为"过去的美好时代"，人们陶醉在大战前那短暂的和平里。

　　19 世纪最后的十年到 20 世纪的前十年，艺术领域出现了新的思潮，即新艺术运动。其特点是否定传统的造型样式，采用流畅的曲线造型，突出线性装饰风格。新艺术运动很快在欧洲大陆蔓延开来，到 1900 年巴黎的万国博览会时达到顶峰。服装受新艺术运动思潮的影响，体现曲线美的女装最受欢迎，女性侧影的 S 形造型成为服装时尚的典型，故称这一时期为 S 形时期。

　　从 1890 年起，女装进入一个从古典样式向现代样式过渡的重要转换期。巴斯尔样式从女装上消失，受新艺术运动影响，整个外形变成纤细、优美、流畅的 S 形。沃斯于 1890 年设计的服装如图 3-35 所示,用紧身胸衣在前面把胸高高托起,把腹部压平,把腰勒细,在后面紧贴背部,把丰满的臀部自然地表现出来,从腰向下摆,裙子像"小号"似的自然张开,形成喇叭状波浪裙,从侧面看时,挺胸收腹翘臀,宛如"S"字形。

　　曾在 16 世纪的文艺复兴时代和 19 世纪的浪漫主义时代两度流行的羊腿袖又一次复活了。这种袖根肥大、袖口窄小的羊腿袖与前两次在造型上有所不同。

　　如图 3-36 所示是沃斯于 1898 年设计的一款婚礼服,袖子的上半部呈很大的泡泡状或灯笼状,自肘部以下为紧身的窄袖。裙长及地面,从上半身到臀部都做得非常合体,下面呈喇叭状。为了扩大裙摆的量,形成优美的鱼尾状波浪,用几块三角布纵向夹在布中间构成裙子。S 形服饰流行了近二十年,从1908 年前后开始,女装向放松腰身的直线形转化,裙子也开始离开地面,露出鞋。

　　沃斯被尊为"高级定制时装"奠基人,不仅仅是因为其设计服装,更重要的是他创作服装。他依靠其对服装的品位和理解,形成了自己独特的服装风格——华丽、娇艳、奢侈。他偏爱昂贵的面料和奢华的装饰,如薄

图 3-36　沃斯的"羊腿袖"礼服

纱、丝绸、锦缎,用料铺张,热衷于面料的质感;喜欢在衣身装饰精致的褶边、蝴蝶结、花边和垂挂金饰等。

4 流行趋势预测与信息采集

4.1 流行信息的分类

4.1.1 一手资料的收集

第一手资料(Primary Data)也叫原始资料,是指自己搜集整理和直接经验所得,包括原创的文献资料和实物资料、口述资料。第一手资料是指持资料的人是最先接触该资料的,而且具有高度保密性。第一手资料具有实证性、生动性和可读性的优点,特点是证据直接,准确性、科学性强。

4.1.2 二手资料的收集

第二手资料(Secondary Data)是对第一手资料的分析、概括和重组,甄别和总结了一个或者多个第一手或第二手资料,第二手资料多指别人出于研究目的已收集整理的资料,可用来借鉴、参考。虽信息收集成本低廉,但针对性往往不强。

4.2 流行信息的来源

按照服装产品开发的流程,我们把服装流行信息来源分为:一级结构、二级结构、三级结构及消费者信息,具化到形式,包括流行色协会、纱线面料展、时装秀场、零售业市场以及来自消费者的各种调研数据分析等。如图 4-1 和图 4-2 所示。

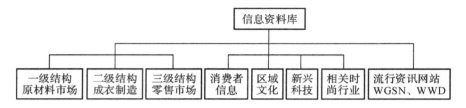

图 4-1　信息资料的主要来源

图 4-2　原始资料的收集

4.2.1　一级结构

一级结构指服装制造原材料,包括各种面辅料,如纤维、毛皮、羽毛、金属、塑料等。对于设计师而言,了解有关服饰原材料的发展动向是创造流行的始发点。

纱线包括天然、合成以及混纺三种。新科技的不断创新使面料的种类、呈现效果不断更新和丰富,如天然颜色的棉花、天丝、莱卡等,都为新面料的开发生产提供了条件。同时生产商们也会注意新的流行动向,如色彩、消费者对环保面料的需求等。

面料的开发早于款式设计,吻合流行趋势的服装材料才能获得消费者的青睐。大的零售商或品牌经营者会进行面料市场的研究,根据流行趋势预测报告(如色彩、纤维、印花图案)定制面料,指导成衣制造商的生产。消费市场变化快速,纱线与面料的生产商必须不断进行流行趋势的研究,才能推出时尚的款式。

对于服装业来说,服装面料博览会在很大程度上决定了来年的趋势。面料供应商每年会在此时展示他们的成果,如因技术的革新而变得更轻的粗花呢、每年都会有细微变化的单宁等。在这样的博览会上,一些大品牌会对某些面料独家采购。季节流行的颜色、面料材质等在时装周前的服装面料博览会上已经初见端倪。

　　国际性质的纱线、面料博览会对于整个流行市场起到相当重要的作用,这些博览会主要有:法国国际纱线展(Expofil)、意大利国际纱线展(Pitti Filati)、第一视觉面料展(Première Vision)、纽约国际时装面料展(International Fashion Fabric Exhibition)、米兰国际纺织面料展(Intertex Milano)、德国面料展(CPD Fabrics)等。目前我国较有影响力的展览是上海国际流行时尚纱线展(Spinexpo)。 如图 4-3 所示。

图 4-3　流行信息的来源——纱线展

4.2.2　二级结构

　　二级结构指的是成衣制造业。较之服装原材料的生产商,成衣制造商要在预定价格之内运用灵感源和服装廓形的变化,创造出各种风格服饰。他们对流行的预测更加依赖于设计师、买手和零售商提供的信息。

　　二级结构信息来自国内外市场中的服装、服饰的制造商与设计师。各大百货商场、设计师品牌店、买手店等都是人们了解现行风格的场所。制造商、设计师和预测人员都必须不断地收集各种相关资料,相互观察、了解,以明确新的流行发展动向。

　　各大成衣博览会以及各国家或地区时装周是收集这些资料信息的丰富来源,这一级资料要尽量做到超前、快速,甚至侦探式收集。如巴黎、伦敦、纽约、米兰四大时装周,德国科隆国际男装展,东京时装周,中国国际服饰博览会等。如图 4-4 所示,各时装周的发布均是流行资讯的重要来源。

图 4-4　时装周的 T 台发布提供重要的流行资讯

4.2.3　三级结构

三级结构指的是各级零售业。零售业是单纯地以获利为出发点的行业。其中的获利程度灵敏地反映出准确的市场调研、谨慎的采购以及正确的销售定位。

来自各级零售业的信息是获取消费者消费偏好的第一手咨讯。三级结构的流行信息来源渠道包括：时尚流行总监、零售业销售数据、竞争同行的信息分析、各种媒体传播的消费者信息等 。

通常，各个时尚媒体的主编、总监往往走在时尚的前沿，例如 *Vogue* 美国版、法国版主编，*Elle* 美国版、法国版总监，*Bazaar* 主编等。

零售卖场也是了解流行信息的主要来源。经过统计后的销售数据与报表，如销售总量、同类款式的同期比较、同一款式在各级市场上的销售记录等都有助于对趋势的分析。品牌需要与各级零售商协调好关系，以便及时收集某一款式的销售记录。例如，ZARA 有销售点情报系统（Point of Sales），此系统通过货品条形码的扫描，可实时收集商店各类销售、进货、库存等数据。

同时，品牌预测工作还要尽可能地了解到竞争对手的销售情况，一些专门的分析机构是这类数据的主要来源，如中国市场情报中心、中国纺织信息中心等。

4.2.4　消费者信息

有关消费者的信息收集与分析是进行趋势调查的重要部分,一手数据通常会通过调查表、调查访谈、图像拍摄等方式获得直接的信息,同时以与经济相关的研究组织作出的数据与结论获得信息。

1. 街头调研

街头调研的人群是观察某个区域流行的直接印象,也是采集某个区域消费者信息的第一手资料。街头调研的方法包括对该区域大型服装卖场服装品牌状况、自营店风格状况等的调研,对这些信息的观察有助于对本区域街头风格的认识。街拍也可以生动地记录区域的流行特点以及整体流行的吻合度。

2. 价值观与生活态度的观察

在创造一个新品牌或是推广新样式之前,对于消费者价值观与生活态度的观察十分重要,消费者的生活方式是严谨还是休闲,具有哪些特定的喜好活动,喜欢哪些社交活动等都是新产品和新样式在宣传与推广时的决策依据。

3. 人口统计

人口统计资料可以从政府相关部门的网站(如 www.chinapop.gov.cn)、图书馆、某些贸易与消费杂志的研究部门、市场营销专家等渠道获得。

对流行造成影响的人口统计因素包括出生率、年龄分布、平均每户人口数目、家庭收入数据、单身或未婚情侣的收入情况、人口迁移、文化融合情况等。例如,出生率的增加可能带来婴儿服装的需求,而老龄化也可以使特定服装的市场繁荣。这些基本资料可以帮助工作人员找出新的消费趋向。

4.2.5　流行信息的其他来源

1. 区域文化

每个区域都有自己独特的风格,对不同区域文化特点、建筑、街道、商店、饮食特点、人们衣着方式、一般的品位水准等各方面的观察,有助于培养对趋势的理解或找出区域性趋势要点。世界各地文化渊源的不同,文化习惯及传统的差异,造就各地对于色彩、款式、面料消费习惯和时尚观念的差异。大数据的统计对于掌握区域市场流行动向是必要的,而区域文化产生的异域风格更是每个流行季都会出现的元素。

本土和全球设计趋势的融合,为 2018 春夏文化融合首饰单品带来了无穷无尽的启发。与 2018 春夏新·丝路趋势一致,古老的材质、装饰表面以及雕刻和镂空处理互动融合,赋予单品一种混搭的美感。除了借鉴东西方古典设计元素,各种文化的兼容并蓄也是打造华丽男士手工艺首饰的关键。

图 4-5　Daks 叠层项链

绚丽的中东串珠、装饰链条和磨破面料的组合拼接,打造出充满部落风情的叠层项链款式。装饰性的生锈金属被用来与镶嵌细工珠饰搭配在一起,浓郁鲜艳的色彩赋予其收藏品一般的精致格调。流苏和真丝线缝带来额外的纹理,也是该趋势全球混搭基调的最好体现。如图 4-5 所示。

耐用帆布材质与皮质条带相结合,打造原生态手工造型。超大版型设计顺应休闲潮流,配以拉绳套索扣合细节,兼具实用性和商业性。极简风格是关键,浓郁的自然大地色系尽显朴素低调。在外部和内里拼布上加入远东、中东和非洲风格印花,打造跨文化细节。如图 4-6 所示。

由 2018 春夏新·丝路潮流演化而

图 4-6　Master Piece 帆布包

来,文化融合主题从中东、东方和西方各种风格中汲取灵感。传统与现代的交融打造出极富活力的清新夏季假日造型。多种不同的款式、材质、印花、图案和细节汇聚在一起,彰显环球旅行家风范。

草帽为盛夏时节男士配饰市场中极具商业性的单品,彰显手工艺纪念品风格。柔软圆形帽身和小须边细节透着休闲气息。编织图案、印花帽围和多彩配色等新鲜尝试使经典的草帽设计焕然一新,尽显民族风情。如图 4-7 所示。

图 4-7　Gucci 圆形草帽　　　　图 4-8　Pitti Uomo 男装展

领巾为男士夏季衬衫和休闲外套造型更添精致民族风。皮革和金属套环创新采用了压花和编织工艺,打造原汁原味的手工细节。将航海风和几何印花头巾与浓郁多样的全球化色彩相结合,尽显真正的旅行家风范,如图 4-8 所示。

2. 新兴科技

随着科技的发展,越来越多的技术被运用到面料中,为服装注入新鲜的血液,对流行趋势造成重大影响。如 3D 打印技术、镭射切割等。如图 4-9 所示。

纽约初创公司 Vixole 设计了一款运动鞋原型,帮助精灵宝可梦(Pokémon)大师们为游戏注入时尚元素。这款运动鞋与 Pokémon 应用程序连接 。当 Pokémon 临近时会震动和发亮,同时发送推送消息,告知玩家它的位置。这款运动鞋采用内置的定制化 LED 屏幕,以及动作和声音传感器,提示穿着者收到文字、电话和社交媒体信息。当其与 Google 地图结合使用时则成为一种震动的脚部导航器。该鞋品于 9 月在 Kickstarter 上发布。使用该 APP 的人数达到 1500 万,可见"Pika 鞋"有着巨大的发展潜力。如图 4-10 所示。

图 4-9　3D 打印技术在服装中的运用

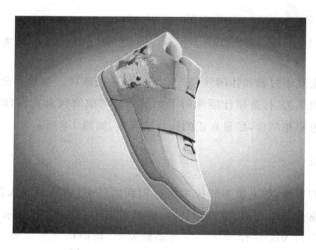

图 4-10　Vixole 的Pokémon运动鞋

APC 与 Outdoor Voices 于 2 月宣布合作。经历如此长久的等待之后,本月我们终于看到 APC×Outdoor Voices 系列。名为 A. P. C. O. V. ,并被称为"融汇运动与都市的专题系列",男女系列都将巴黎雅致风格与科技运动装相结合。高性能面料为过渡基本款增添吸汗、防风雨功能和运动弹性,适合健身房或街头穿着。黑色、灰色和海军蓝组成的简约调色板,同时搭配碎花和迷彩印花。如图 4-11 所示。

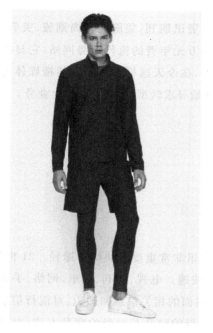

图 4-11　APC×Outdoors Voices 系列

图 4-12　自动修复面料

对于户外运动爱好者而言,衣服损坏时有发生。宾州州立大学的研究人员研发了一款可以自我修复的面料,使消费者不必再丢弃昂贵的防水夹克了。被视为下一代智能面料的所谓"活的面料"使用细菌和酶进行"自我治愈",鱿鱼齿蛋白质使用酵母和细菌,被转化为一种液态涂层,将温水涂在破洞边缘,形成一种结实、灵活的可机洗黏合。尽管处于初级阶段,但这项技术在运动、军事和医疗领域都有巨大潜能。如图 4-12 所示。

3.时尚相关行业

时尚相关行业指与服装行业相关的时尚产业,如美容美妆业、时尚杂志等。

(1)美容美妆业

美容美妆业的流行趋势常会与服装流行趋势结合,许多当季流行趋势都是从时装周后台最先开始。美发与美容企业与时装周建立合作伙伴关系,并将其发展成强大的品牌市场营销工具。美妆品牌离不开时尚,所以无论是产品开发,还是艺术、教育、培训,都能从时装周中采集灵感。这也进一步巩固了美妆品牌在彩妆界的权威地位。

（2）时尚杂志

时尚杂志作为普通人最易接触到的流行资讯期刊,集服装时尚潮流、美容美妆、珠宝配饰、趋势解读于一体,相较于动辄十几万元年费的流行趋势网站,它显得平易近人得多。在技术推进和政策宽松的情况下,在今天这样一个大众传播媒体无比发达的时代,传统杂志受到不小的冲击,纷纷开始寻求转型,不断开发线上业务。

4.3　流行信息收集的渠道

4.3.1　传统媒体与新媒体

相当丰富的媒体信息是目前获得流行资讯非常重要且快捷的途径。21世纪,传媒的高效发达使流行传播的速度变得直接、快速。电视、期刊、报纸、网络、手机等提供的信息,几乎囊括了服饰流行行业中各个层面的相关信息和知识:对流行信息的研究与报道;揭示流行时尚的内幕;建议最新流行的时装与时尚的穿戴方式;对过去流行的总结,预测未来流行趋势;评论各大品牌、设计师、社会名流的最新动态;介绍商家的运营与发展状况以及时装界的各种大小事件等。

传统媒体在与新兴媒体的抗衡中经历了断崖式负增长之后,仍然在流行信息传播中占有一席之地。书籍、时尚期刊、报纸、影视媒体作为流行趋势的主要载体,承担着依旧重要的角色。

互联网被称为继报纸、广播、电视三大传统媒体之后的"第四媒体"。基于互联网的网络媒体集三大传统媒体的诸多优势于一体,是跨媒体的数字化媒体。专业资讯网站应用日渐广泛,主攻方向包括发布最新的流行资讯、时装周信息图片、流行趋势分析以及各种最新动态新闻。社交媒体已经成为众多品牌、明星名媛、时尚达人们传达流行信息的主要媒介。最近,Snapchat测试新广告功能,提高电商与潜在客户营销。此次Snapchat转型收到了许多的关注,Snapchat是否会和Instagram与Facebook一样开启营销渠道、直播模式等,备受期待。作为一个社交媒体公司,Snapchat的变化将会为市场营销带来新的契机。

除了 Snapchat 以外，还有很多社交媒体进入我们的生活中，这对于品牌营销来说是一个重要变化——将社交媒体与品牌电商营销相结合。

如 Tommy Hilfiger 在本季时装周加入"see now，buy now"（即秀即买）模式，掀起一场创意狂潮。消费者可以通过各种社交平台购买本季秀场时装，其中就包括 Snapchat。Snapchat 广告显示，在 Stories 上播出的服装中，Tommy × Gigi 联名系列成为头条，用户可以在 Stories 里搜索、选择并购买单品。如图 4-13 所示。

Nordstrom 尝试在 Snapchat 上发布独家内容，吸引大学生。该品牌推出现代化的抽奖活动，在校区鼓励学生参与平台上发起的活动，赢取购物券。Nordstrom 的关注度因此暴增 60%，如图 4-14 所示。

图 4-13　Tommy × Gigi 联名系列

图 4-14　Nordstrom 在 Snapchat
上的抽奖活动

图 4-15　ME UNDIES 在 Snapchat
上加入故事内容

内衣与家居服品牌 ME UNDIES 希望将 Snapchat 上的内容转化为交易，所以在故事内容中融入了品牌网址，将用户直接引导到其购物网页，该策略的转化率在目前已有 10％～12％。虽然这不是在程序内购买的功能,但是品牌可以通过这种方式驱动消费者登录其网页,如图 4-15 所示。

Live Stories 的直播功能为用户提供活动实况,并从不同角度展现多元化场景。最近,Snapchat 与活动策划公司 AEG 合作,由该公司直播多个音乐节现场。故事还融入了来自用户的制作与幕后拍摄内容。这一合作进一步增加了 Snapchat 在音乐界的影响力。如图 4-16 所示。

图 4-16　Live Stories 直播　　图 4-17　Bare Minerals 新产品
　　　　　　　　　　　　　　　　　　　　Blemish Remedy

美妆品牌 Bare Minerals 借着 Snapchat 的影响力来拓展年轻人市场,为新产品 Blemish Remedy 宣传。广告与 Amy Pham 合作,推销新产品并展示视频,达到吸引青少年人群的效果。广告获得超过 500 万的观看量,提升了网站搜索流量。如图 4-17 所示。

4.3.2　一级结构信息的传播形式——纱线面料展

1.纱线展

目前,国际上主要的纱线展会包括法国国际纱线展、意大利国际纱线展、上海国际流行时尚纱线展等。

法国国际纱线展创办于 1979 年,最初为法国国内展会,1987 年发展为欧盟范围内的国际专业展,到 2001 年,该展会向全世界最优秀的纱线和纤维制造商打开大门,同时成为全球最大的纱线和纤维贸易博览会。法国国际纱线展每年举办两次,分别展示春夏季和秋冬季的最新纱线产品。该展一直遵循"精品质量导向策略"的原则,对展商的选择尤为严格。法国国际纱线展的目的是向世界各地展示纺织纱线、纤维以及行业服务与流行咨讯等。2004年开始,展会组委会正式加盟"PV第一视觉国际面料展",与其同期同馆联合举办,从此,法国国际纱线展成为世界纺织与时尚界最负盛名的Première Vision(法国第一视觉面料展)展会的一部分,主要展示当今流行和新开发的各类纱线与面料产品。在法国国际纱线展与Première Vision展会中,纱线企业将结识国际顶级面料商,并了解最新纱线面料的发展趋势。人们可以看到,许多纤维生产商的创新以及纺纱技术的发展催生了这一特殊"夹缝"市场。如今的纱线展汇集了棉型纱线、毛型纱线、仿真丝纱线以及化纤与天然纤维的混纺等各式纱线,对于从事纱线和纺织纤维市场发展方面的研究有很大的帮助。Expofil与Première Vision每年吸引50000位专业观众,其中32000人为贸易商。国际参观者中,75%的参观者来自世界100个国家和地区。2007年2月,Expofil与Première Vision同期举行,展会设置于5号展馆,共吸引了来自110个国家的50000名专业观众与1500名展商。

意大利国际纱线展始于1975年,展会设在意大利佛罗伦萨,每年举办两次,主要面向前沿的高端市场。意大利纱线制造业历史悠久,其纺织品以顶级品质而闻名世界。而享誉全球的意大利国际纱线展,则代表着纺纱品和纺织产业的较高水准。如图4-18所示。

图4-18　2017年意大利国际纱线展

上海国际流行时尚纱线展始于 2003 年,展会拥有超过 9000 名专业观众,200 余家参展商,已经快速成长为时尚之都——中国上海中关注纱线和纤维的人们最重要的平台,展示世界首屈一指的针织用纱、针织面料、圆筒形针织品、织造用纱、织造面料、装饰面料用纱、袜、花边、标签、工业纺织品等。上海国际流行时尚纱线展亦同时展示创新的设备和技术编织的不同原料的针织品和圆筒形针织物,给观众带来创新思维。2017 上海国际流行时尚纱线(春夏)展分四大专业展区:自然棉纱区、创意花式纱区、多彩化纤区和电子商务区。展品范围包括天然纤维和纱线、合成纤维和纱线、特种纤维和纱线、计算机相关服务、研究检测服务、媒体及专业刊物等。

2.法国巴黎第一视觉面料展

法国第一视觉面料展,简称 PV 展。第一视觉创建于 1973 年,是以 1100 家欧洲组织商为实体,面向全世界的顶尖面料博览会。它分为春夏及秋冬两季,2 月为春夏面料展,9 月为秋冬面料展。PV 展不仅仅是搭建了一个成功的贸易平台,它还是最早对纺织面料产业进行产品引导的展会。PV 展会中心发布台每季展出近 5000 块面料小样,并有丰富得近乎奢侈的趋势陈列物,推崇、鼓励、保护企业设计和创新能力是PV 展品位高尚、地位稳固的撒手锏。

2018 春夏 Première Vision 巴黎面料展规模创历史新高,吸引了 1898 个参展商。尽管目前的政治环境和经济局势不容乐观,也丝毫没有影响各大品牌前来展示自己的最新成果。除了常规纱线和面料厂商展示,展会还新增了纱线和针织趋势论坛,Sophie Steller Studio 也带来了不少在针织和服装结构上的创新。休闲造型增多,出现了各式触感效果,从凸纹布、涂层布、褶皱面料的干燥手感,到跨季拉绒面料的舒适手感,应有尽有。如图 4-19 所示为展厅局部内容。

整个面料展的展品囊括毛型及其他纤维制面料、亚麻面料、丝绸类面料、牛仔灯芯绒面料、运动装/休闲装用面料、色织/衬衫面料、蕾丝/刺绣/缎带、印花面料以及针织面料等。如图 4-20 所示。

图 4-19　2018 春夏法国巴黎第一视觉面料展展厅

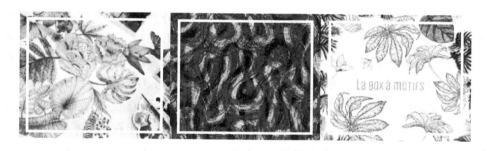

图 4-20　面料图案趋势

　　从春夏季到秋冬季，Première Vision 展示了最具创意、最令人震惊的服装面料。中国有许多大的纺织和服装企业以及优秀的设计师，但在面料的设计及后期整理等客观因素上与欧洲依然存在着不小的差距；而服装品牌在市场中的优胜劣汰在一定范围内取决于面料的质量与品位。PV 展不仅会给中国的企业及设计师们提供一个广阔的创作空间，也会给中国的服装企业带来时尚的欧洲导向。

　　其他一些国际性的面料展还有：意大利米兰国际纺织面料展、意大利米兰纺织展、中国国际纺织面料及辅料博览会等。意大利米兰国际纺织面料展（Intertex Milano）是意大利唯一一个允许亚洲国家参展的专业纺织面料展会，其特色在于向欧洲客商展示来自欧洲国家的面料及纺织产品。意大利米兰纺织展（Milano Unica）是欧洲最具影响力的面料展之一，代表意大利及欧洲纺织品制造业的最高水平，致力于为专业参观者打造一个质量、创意、设计、创新的平台，将欧洲最好的质量、技术、创意、面料、设计产品和最新的流行趋势展示给全世界的专业观众。中国国际纺织面料及辅料博览会（Intertextile）创办于 1995 年，博览会的概念和市场定位基于两个方面：中国服装业发展对新面料、高品质面料的需求与中国纺织品迅速发展及其广阔前景。

4.3.3　二级结构信息的传播形式——时装展

著名的高级成衣展包括：巴黎时装周、纽约时装周、米兰时装周及伦敦时装周。四大时装周每年两届，分别为秋冬时装周（2、3 月）和春夏时装周（9、10 月上旬），每次在大约一个月的时间内相继举办 300 余场时装发布会。具体时间不一定，但都在这个时段内发布。如图 4-21 所示。四大时装周基本上揭示和决定了当年及次年的世界服装流行趋势。因为对于大多数的时装公司，至少要花费半年到 8 个月的时间才能把设计变成成品，所以四大时装周提前 6 个多月进行次年的时装发布。在每场秀中，时尚编辑们发挥了极大的作用，他们的主要任务是寻找各场秀的交叉点，而这些交叉点基本上是明年的流行重点。这样，就得出了每年的流行趋势。另外，各大品牌通常在发布秀后，还会邀请大牌的时尚记者到品牌总部样品间零距离接触走秀的服饰，并采访设计师。很多记者就曾深入到米兰、巴黎 Chanel、Dior、Gucci 等一线大牌的样品间，直接采访品牌设计师等。四大时装周都各有侧重，纽约的自然、伦敦的前卫、巴黎的奢华和米兰的新奇已成为这四个时装中心各自的标志。每年在纽约举办的国际时装周，在时装界拥有着至高无上的地位，名设计师、名牌、名模、明星和美轮美奂的霓衫羽衣共同交织出一场奢华的时尚盛会。伦敦时装周在名气上可能不及巴黎和纽约的时装周，但它却以另类的服装设计概念和奇异的展出形式而闻名。一些"奇装异

图 4-21　2017 年 2 月纽约时装周

服"以别出心裁的方式呈献出来,给观众带来惊喜。法国巴黎被誉为"服装中心的中心"。国际上公认的顶尖级服装品牌设计和推销总部大部分都设在巴黎。从这里发出的信息是国际流行趋势的风向标,不但引领法国纺织服装产业的走向,而且引领国际时装的风潮。米兰是意大利一座有着悠久历史的文化名城,曾经是意大利最大的城市。米兰是世界时装业的中心之一,其时装享誉全球。意大利是老牌的纺织品服装生产大国和强国,意大利纺织服装产品以其完美而精巧的设计和技术高超的后期处理享誉世界,特别是意大利的男女时装的顶级名牌产品及皮服、皮鞋、皮包等皮革制品在世界纺织业中占有重要地位。

4.3.4 时尚出版物及时尚期刊

专业的资讯刊物一般针对专业读者,发行量并不大,通常有专业的流行机构发行,如各国的流行色、面料机构的出版物等。时尚期刊包括一些专业期刊及面向各类大众的时尚杂志。包括 *Vogue*、*ELLE*、*WWD* 等。如图 4-22 所示。

图 4-22 时尚期刊

1. *Vogue*

Vogue 美国版于 1892 年创刊,其出版商康泰·纳仕公司随后推出了英国版(1916年)和法国版(1921 年)。纳仕先生是现代杂志版面设计的创始人。他是第一位聘用艺术家担任杂志摄影师的出版人。*Vogue* 也是世界上第一本用彩色摄影表现时装作品的杂志。

1959 年,塞缪·纽豪斯先生收购了 *Vogue* 及其相关杂志,并在其他国家及地区推出了更多版本,包括澳大利亚版(1959年)、意大利版(1965年)、巴西版(1975年)、德国版(1979年)、西班牙版(1988年)、韩国版(1996年)、俄罗斯版(1998年)以及日本版(1999年)等 。*Vogue*目前仍由纽豪斯家族所拥有。*Vogue*现在是世界上最重要的杂志品牌之一。这一成就得益于其强调编辑独立的政策和秉承最高编辑水准的宗旨。每月的*Vogue*拥有全球1800万最具影响力的忠实读者。在全球各地,*Vogue*被设计师、作家和艺术家推崇为风格与时尚的权威。在各个国家和地区,*Vogue*都能凸显她独树一帜的定位,力求从独特视角反映出版所在地的文化。同时,她对相关行业的扶持作用也是无与伦比的。尤其值得一提的是,*Vogue*推动了全球时尚产业的发展。当今很多著名设计师都是通过*Vogue*被发掘出来的。世界上一些顶尖摄影师——如Mario Testino、Steven Meisel、Patrick Demarchelier和Irving Penn——长期以来在*Vogue*中发展他们的事业。*Vogue*的理念是聘用最专业的编辑人员,结合世界上最优秀的设计师、最具才华的摄影师与模特,以最高的制作水准创造出市场上最高质量的杂志。*Vogue*被公认为全世界最领先的时尚杂志。值得一提的是,2005年8月《Vogue服饰与美容》正式在中国创刊,发行至今深受中国时尚女性喜爱。如图4-23所示。

图 4-23　20 世纪 20 年代的 *Vogue* 插画

2. ELLE

ELLE 翻译成中文是"她"的意思。1945 年,ELLE 由 Helene Lazareff 在法国巴黎创立,面世后广受好评,以时尚为导向,是女性化的、现代的、积极向上的、亲切的、潮流而又充满生活气息的。全球发行 46 个版本,每月拥有超过 2000 万读者。1988年,由国际知名出版集团赫斯特与上海译文出版社版权合作的《ELLE 世界时装之苑》进入中国,成为国内第一本国际高端女性大刊。至今一直扮演着风格推手与创新潮流角色,始终在为中国风尚界创造新的震撼。ELLE 鼓励读者注重自身并发展自我独立的个性,倡导女人享受自己的现在,同时开阔视野,做一个有风格的优雅女性。每个月影响超过 470 万读者。2012 年《ELLE 世界时装之苑》改版,成为 ELLE 全球第一本半月刊杂志。目前拥有 ELLE China APP(包含《ELLE 世界时装之苑》电子版以及 ELLE plus(IOS 版及安卓版)、ELLE plus 手机版(IOS 版)、ELLE TV、ELLE 中文网、ELLE SHOP。如图 4-23 所示。

图 4-23 《ELLE 世界时装之苑》1999(6)、2001(11)、2003(3)版

3. WWD

WWD(Women's Wear Daily)女装日报发售于 1910 年,被业内人士广泛认为是"时尚圣经",或时尚界的"华尔街日报",是时尚产业中最具影响力的刊物之一。WWD 追踪行业日常新闻、评论及社会经济趋势,出版记录了时尚行业的关键历史时刻,主流的女性时尚趋势,主要的设计师、品牌、零售商、广告等。

　　可对配件、广告、美容、商业、通信、时尚、头版、零售和小道消息等内容进行搜索。
内容按公司、品牌、摄影师、造型师等可进行精确搜索。其适用于零售业、时尚史、流
行文化、市场营销和广告等研究。如图 4-24 所示。

图 4-24　WWD 女装日报

4.3.5　街拍

　　捕捉街头时尚的"街拍"风潮下,街拍成为时尚界捕捉流行的一个渠道。时尚网
站、论坛、微博中的"街拍"也是十分火爆,如"中国时尚街拍网""海报时尚网——街
拍"。这种"街拍"最早来源于国外杂志,为了体现时尚元素,这些杂志不仅要及时介
绍各大时尚秀场上的时装发布,还要传递来自民间的最新流行讯息。所以,看得出
"街拍"的出现源自于对流行与时尚的关注与追逐,时尚在这个过程中不断被模仿与
创新。对比"中国时尚街拍网""海报时尚网——街拍""YOKA 时尚网——街拍",不
论是按地域区分、按拍摄人群来看还是按照拍摄品类来看,大部分的街拍内容无非是

明星、模特或者普通人上街的着装和搭配,其目的性和着重点都在于传播流行讯息。如图 4-25 和图 4-26 所示。

图 4-25　YOKA 时尚网街拍作品

图 4-26　微博上的杭州街拍滚叔作品

4.3.6　网红

网红，全称"网络红人"，已经成为网络时代的一大文化生态现象，是"草根明星"和"泛偶像"结合的成果。网络受众交流的群体比较广泛，但对网红所产生的消息最为敏感的是青少年群体。随着网络消费的不断增长，网红流行讯息的传播能力也随之增长。

2008年，张辛苑的一辑名为《马尔代夫的假期》的照片在网络上被转载，张辛苑也因此走红于网络。而往后张辛苑也以红唇和浓眉的复古式妆容形象被网络大众所熟知（见图4-27）。2014年2月，*ELLE China*携手张辛苑参加国际时装周。在时尚界的高曝光率使得张辛苑的妆容慢慢被大众所喜爱，也使得许多人群使用类似的妆容来装扮自己。网络红人通过"同款"将这种流行讯息传达给受众群体。

图 4-27　网络红人张辛苑

2015年7月27日下午3点，淘宝店主张大奕完成了又一轮的新品上架，结果第一批5000多件商品在两秒钟内就被顾客"秒光"，而所有新品在三天内基本售罄。也就是说，短短三天时间里，这个漂亮女孩便完成了普通线下实体店一年的销售量。2017年5月9日、10日短短两天内，张大奕店铺上的新品销量十分惊人：此次上新有50件单品，销量最好的上衣两天时间销量就达到了10243件，另外销量在7000件以上的单品还有5款。她的微博推送如图4-28所示。

图 4-28 张大奕微博推送

微博上的美妆＆搭配博主 YUKKIK,以一辑"豆沙色口红"登上微博热搜之后拥有了大量的粉丝,其发布的图片质量高且精美,在粉丝内具有一定的号召力。如图 4-29 所示。

图 4-29 美妆＆搭配博主 YUKKIK

4.3.7 社群

社群是一个社会群体圈子,是将有共同精神追求的人聚集在一起。Nike SB 是于 2013 年年底推出的一款同名手机 APP,为全世界的滑板爱好者打造了交流学习的专业平台。其目的是聚集世界各地的滑板发烧友,打造有持续发展潜力和关注度的交流平台,满足多样化需求让玩家们爱不释手,提高对 Nike SB 的品牌忠诚度,同时借助 Nike SB APP 增加 Nike SB 产品的曝光率。

4.3.8　意见领袖

实际上许多人在接受信息的时候并不是直接通过大众传媒获取讯息,而是通过意见领袖获取。意见领袖作为媒介信息和影响的过滤和中间环节,对流行讯息传播的效果产生了重要的影响,这样的传播方式常常是多级传播,一传十,十传百。

自媒体的发展与壮大使得许多意见领袖出现,时尚自媒体 Yang Fan Jame 以时尚设计、穿搭作为基础对象进行评论,因为其毒舌和精准的评论言语令许多读者对其时尚评论进行阅读。Yang Fan Jame 的评论也通过自媒体的平台将自己所接收的流行讯息过滤成自己的评论传达给受众群体。

4.4　国内外流行资讯研究机构及网站

4.4.1　WGSN——世界时尚资讯网

WGSN(Worth Global Style Network)是全球领先的趋势预测机构,为时装、时尚、设计以及零售等各大产业提供最具创意的潮流资讯和商业信息。自 1998 年初 WGSN 成立以来,它一直被视为最具活力的在线服务平台。WGSN 由旗下 200 多名经验丰富的编辑和设计师组成团队,走访于世界各大城市,并与遍及世界各地的资深专题记者、摄影师、研究员、分析员及潮流观察员组成了强大的工作网络,带回独特的见解和创意灵感,并发回实时零售报道、季度趋势分析、消费者研究和商业资讯。其资料库拥有超过 10 年的原创 CAD 图、趋势分析、时装秀报告和竞争情报。

数据库的内容可根据趋势分析周期分为以下三部分:

(1)提前 24 个月的未来资讯:包括《灵感源泉》《创意指导》栏目的消费者态度和行为、设计创新、文化和思潮的发展动态、文化与艺术灵感、思想领袖访谈。

(2)提前 12 个月超前趋势的分析:包括《设计与产品开发》《色彩与面料》《标牌与

包装》《采购》《市场营销》栏目的特色分类/行业、色彩方向、季度系列、面料与纺织品预测。每个领域的季度资讯和产品报告都是从早期的研究成果发展而来的。专家对每部分都精选了导向性的色彩、当季的主要单品、趋势影响、面料、针织品、图案、饰边与细节以及造型概述。

（3）实时追踪全球行业分析：包括《展会博览》《时尚店铺》《零售和橱窗布置》《营商策略》栏目的展会分析、街拍、零售概念和设计、比较购物报告、产品报告、商业资讯。

WGSN网页主要有报告、图片、设计资源、新闻、博客、潮流都市、活动日历、媒体与视频八大块内容。如图4-30所示。

图 4-30　WGSN 网站

报告内容极具前瞻性，主要有关于未来趋势的预测、市场情况的调研报告以及可用于服装的新兴科技报告等。不论是流行色预测还是面料、印花、廓形等预测都可在此模块中找到。为了满足不同企业不同的生产周期，WGSN提前两年就开始将一些预测报告发布，让设计师有一个整体的观点，并将它们转换成成衣。图片模块主要为一些T台秀场照片和已经上市的服装产品、街拍、各类型展会或与视觉营销有关的图片。设计资源模块内更多的是色彩、款式、笔刷、原创印花等的资料源，如图4-31所示。博客模块主要为一些时尚博主撰写的文章，可以通过Facebook、Twitter、Instgram等社交软件分享。旅游模块则是各地一些有趣的店铺或是与艺术、时尚有关的事件。媒体与视频是WGSN开发的相关APP链接及介绍和秀场展会等活动视频的链接。如图4-31所示。

图 4-31　设计资源栏与其中的都市版块

　　新闻模块内主要为国内外企业、品牌、外贸、政策、科技、家纺、展会、零售等与时尚行业相关的消息。如图 4-32 所示。

企业, 品牌, 国际, 服装, 零售

🖨 打印　　♡ 添加到收藏夹

H&M拟在印度大举扩张

2016年04月06日

瑞典时装零售巨头H&M将投资70亿印度卢比（约1亿零530万美元）用于扩张其在印度的店铺规模，并将探索在城郊地区开设新店铺的机会。

H&M计划今年在印度开张4家新店铺。该品牌的印度区域总监Janne Einola告诉印度报业托拉斯称，在本次扩张中，店铺位置是否有足够的商业吸引力是主要的决定因素。

Einola说："我们相信还有很多的业务增长空间，我们不会把自己局限在闹市区。"他补充道："H&M将会把重点放在开设全资拥有的店铺上，而不是特许经营店。

尽管实体店是本次扩张的重点，但是Einola称将来也会和印度的设计师以及电商行业合作开发更多的商业模式。该品牌目前在印度拥有四家店铺。

图 4-32　WGSN 的新闻版块

WGSN 深入 19 个专业领域,从该行业的新闻、产品开发、色彩、面料、趋势分析、展会、零售、秀场、街拍、名流时尚、市场营销等各方面全方位分析报道。其包括女装(Womenswear)、男装(Menswear)、牛仔装(Denim)、少年服装(Youth)、运动装(Sport)、童装(Kidswear)、纺织品(Textiles)、印花与图案(Print & Graphics)、鞋品(Footwear)、配饰(Accessories)、妆容(Beauty)、室内设计(Interiors)、针织物(Knitwear)、内衣(Intimates)、泳装(Swim)、细节及饰边(Details & Trims)、学生及毕业生(Student & Graduate)等。

4.4.2　美国棉花公司

美国棉花公司是在 1970 年由美国棉花生产商和棉织品进口商出资成立的,当时的主要任务是解决因消费者转向合成纤维产品而造成的棉织品市场份额流失问题。那时除了牛仔裤、T 恤衫和浴巾之外,市场上几乎没有棉织品。为挽救棉花和棉织品市场,美国棉花公司采用了"推/拉"的市场战略,目标是通过产品和工艺研发"推动"棉织物的创新以满足客户需求,同时通过广告和促销"拉动"棉织产品销售。为此,美国棉花公司在宣传中,把棉花定义为美国发展历程的一部分,打出了"感受棉花,享受生活"的口号。经过一番艰苦努力,到 1983 年,美国棉花公司成功地止住了棉织品市场份额下滑的颓废,在很长一段时期内保持了消费者人数和市场份额的稳定增长。服装和家纺等棉织产品的市场零售份额在 1998 年达到了 60%。这标志着从 20 世纪 60 年代引入合成纤维以来,棉花首次占据市场主导地位。

美国棉花公司负责流行预测的流行市场部位于纽约曼哈顿麦迪逊街 488 号,共分成三个小组:流行色与面料趋势预测小组、服装款式预测小组和家用纺织品预测小组。美国棉花公司的时尚专家每一年都会到世界各地收集有关棉纺织品的最新流行信息,参加各地的主要流行趋势预测会,并把收集到的信息进行汇总,通过系统的分析,得到有关棉纺织品的色彩面料等其他方面的流行趋势。这些信息对及时把握市场动态,制定市场策略都非常有帮助。每年,流行趋势专家还在伦敦、巴黎、米兰、香港、东京、新加坡、上海、洛杉矶、纽约等 25 个城市进行流行趋势巡回演讲,听众为来自 1700 家公司的 4000 多名决策者.每年的流行趋势讲座极大地影响了采购商和设计师,目的是使棉及富含棉的纺织品在市场上居主导地位。如图 4-33 所示是美国棉花公司的网站。

图 4-33 美国棉花公司官网

　　美国棉花公司通过工业、文化和生活方式获取灵感，依据概念、颜色、面料应用、轮廓来解读新一季的流行趋势，深受服装设计师、面料设计师、品牌市场企划、产品研发和采购人员的关注。

　　美国棉花公司流行趋势囊括印花织物流行趋势、织物面料趋势、牛仔织物趋势、ACTIVE 服装面料趋势、色彩趋势、家纺色彩趋势，如图 4-34 所示为 2017 春夏美国棉花公司家纺色彩趋势。

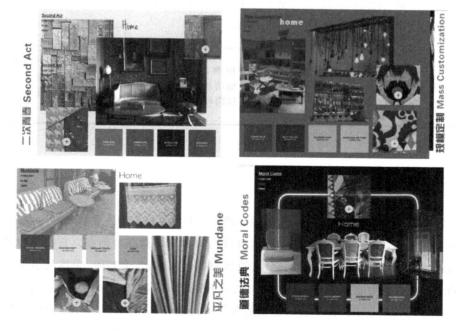

图 4-34 2017 春夏美国棉花公司家纺色彩趋势

针对三个主要的国外流行资讯机构的特点,我们进行了对比分析,如表 4-1 所示。

表 4-1 三大国外流行资讯机构对比分析

机构名称	WGSN	美国棉花公司	第一视觉面料展
机构属性	全球时尚趋势预测和分析公司	美国棉花生产者及进口商的研发和推广机构	面料博览会
机构诉求	提供有关服饰、潮流、设计和零售方面的创意指导和商业分析	保持和继续拓展棉纺织品的市场份额和棉制产品的可赢利性	发布最新面料和流行趋势,公布世界纺织品和服装的最新走向
目标客户	设计师、买手、时装品牌、零售商、制造商、室内设计公司、电子产品公司、玩具公司、邮购产品服务商、文具、美容行业	生产者和零售商、成衣厂商、家用纺织品制造厂商、采购商和设计师	面料厂商、生产者和零售商、成衣厂商、设计师
流行趋势预测范围	深入 19 个专业领域,从该行业的新闻、产品开发、色彩、面料、趋势分析、展会、零售、秀场、街拍、名流时尚到市场营销等各方面全方位分析报道	围绕棉/印花/牛仔织物以及家纺从色彩、面料等方面展开趋势预测,一般以 4～5 个主题的形式呈现	展示最新的各类纺织面料实物
小 结	各类流行趋势预测的大数据让未来设计方向维度更广也更精准	趋势预测内容具有明显的对棉纺织品的针对性,同时局限性也不可避免	各类高端创新的服装面料在数量和质量上都非常惊人,使得服装行业更加富有创新

4.4.3 Fashion Snoops

Fashion Snoops 是一家全球性的时尚潮流趋势预测机构和专业资讯供应商,总部设在美国纽约,2001 年由时尚界的著名设计机构和服饰商联合创办。它在全球各主要时尚都市,如巴黎、纽约、米兰、伦敦、柏林、东京、迈阿密、洛杉矶、蒙特利尔等地分布着近 200 人的专家团队,专门负责搜集、分析整理、编辑即时的趋势信息,同时通过在线服务为其专业用户提供这些最新的服饰时尚资讯。Fashion Snoops 同时也是世界顶级时尚及商业杂志的定期撰稿机构。在 Infomat 的"世界潮流趋势预测服务

25强"报告中,Fashion Snoops 被评定为 A＋级,即最高级。Fashion Snoops 通过网络在线提供快速而准确的服饰时尚信息和潮流趋势的预测分析,这些即时资讯和分析预测可快速应用于企业新产品的开发过程。迄今为止 Fashion Snoops 已经为美洲、欧洲、大洋洲、亚洲和南美洲众多的服饰品牌机构、零售商和其他时尚潮流机构提供了资讯及设计外包等各式各样的服务。如图 4-35 所示。

图 4-35　Fashion Snoops 网站

4.4.4　Data Park 数据公园

Data Park 数据公园是由数库(北京)科技有限公司推出的创新趋势、设计研发、商业与用户监测和数据分析公司,立足中国行业情况,以全球视角提供领先的设计趋势洞察分析、消费者研究、创新和商业决策数据支持,以帮助设计和创新决策者发展具有竞争力的想法、创意和创新结果。数据公园的数据库分为建筑数据库、室内数据库、产品数据库、时装数据库、品牌数据库、消费者洞察数据库,其中时装数据库从设计灵感、趋势洞察、运营商三个方面提供最近资讯和分析。如图 4-36 所示。

图 4-36 Data Park 数据公园

4.4.5 Berg 时尚图书馆

　　Berg 时尚图书馆是由牛津大学出版社出品的全球权威的时尚与服装设计类数据库,能满足处在各个不同职业阶段的时尚与服装设计工作者的需要。Berg 时尚图书馆提供在线教师课程教案,每年更新两次《Berg 世界服饰和时尚百科全书》,独家收录的时尚界专家的专业观点与评论,超过 70 册的 Berg 时尚类在线电子图书,全球著名博物馆名录和研究图片,时尚领域的经典文章还有由世界知名的时尚历史学家 Valerie Steele 主编的《A-Z of Fashion》《时尚历史字典》等。如图 4-37 所示。

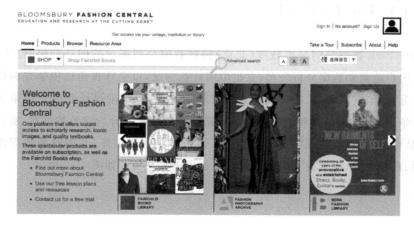

图 4-37 Berg 时尚图书馆

4.4.6　The Vogue Archive

The Vogue Archive 属于 ProQues,涵盖了 *Vogue*(美国版)自 1892 年至今发行的全部期刊,300 余万页,是 20 到 21 世纪最伟大的设计师、摄影师、造型师和插图画家的佳作,记录了国际流行尤其是美国流行文化的发展。不论过去、现在还是未来,The Vogue Archive 都是学习时尚和进行历史研究必不可少的重要资源。数据无延迟,每月与杂志新刊发行同步更新。该数据库主题涵盖纺织品和服装、时装发展史、流行文化、性别研究、摄影和平面设计、市场营销和广告等,内容格式包括广告、文章、时尚摄影等。数据库再现了杂志高分辨率的彩色页面图像,包括每一页资讯、广告、封面和折页,里面的社论、封面、广告和图片专题都可以单独准确检索到。可以按服装类型、设计师、公司、品牌、时尚风格、材料、图中人物、摄影师、造型师、插图作者等进行精确搜索。如图 4-38 所示。

图 4-38　The Vogue Archive

4.4.7　国内主要流行资讯研究机构

北京服装学院先后创办了 TRANSTREND 时尚趋势研究与设计中心和中国时尚研究院。TRANSTREND 时尚趋势研究与设计中心由谢平老师在 2007—2009 年创建,属于 BIFTPARK 的一部分。BIFTPARK 于 2012 年 3 月由北京市人民政府与北京服装学院共建的"中关村科学城第四批签约项目——北京服装学院服饰时尚设计产业创新园和北京北服时尚投资管理中心负责运营管理。TRANSTREND 以流行趋势预测与应用为特色,并将研究成果服务于相关行业机构,如流行趋势预测与设计、企业产品开发、服装服饰系列产品设计等,实现高校创新资源和研发成果的市场化转移。如图 4-39 所示,北京服装学院线上线下店铺"土城空间"展示学生原创作品与趋势解读,尝试将商业与艺术融合。

图 4-39　北京服装学院的土城空间实体店位于校园中

中国时尚研究院于 2015 年 7 月 16 日成立。研究院由北京服装学院、广州例外服饰有限公司、中国社会科学院财经战略研究院、爱慕集团、龙信数据(北京)有限公司、中关村智慧环境产业联盟、《艺术与设计》杂志社、北京荣邦天翼文化创意投资有限公司等八家创始成员联合创办。中国时尚研究院旨在通过学术研究、人才培养与行业实践的有效结合,以"深化时尚领域研究,服务行业发展,构建交流合作平台,打造特色高端智库"为宗旨,坚持"共有、共建、共享"之理念,不断探索实行新型体制机制,凝聚整合全球研究力量,培育全领域专兼结合的研究队伍,促进"产学研用"结合,建设国际时尚领域的科研高地和数据中心,在学术研究、人才培养、决策咨询、社会服务、国际交流等方面发挥思想理念引领、推动行业发展的积极作用。

上海的东华大学也拥有雅戈尔男装研究中心、职业装研究所、TREND INDEX 时尚咨询、海派时尚这些高校创办的时尚咨讯趋势平台。

雅戈尔男装研究中心创建于 2007 年 10 月 22 日,中国知名服装企业雅戈尔集团股份有限公司与东华大学携手共同创立"东华大学-雅戈尔男装研究中心"。东华大学—雅戈尔男装研究中心"设在东华大学校内,由雅戈尔集团出资,用于中心的课题研究。"中心"将致力于:通过产、学、研的合作,研究先进的国际男装文化、行业动态、发展趋势、品牌经营、企业管理、市场营销和设计理念以及媒体运作模式。如图 4-40 所示。

图 4-40　东华大学职业装研究所发布的 2018 中国职业服装流行趋势

职业装研究所成立于 2008 年 10 月,是国内高校中第一个职业服领域的专业研究基地,针对金融、航空、交通、学校、酒店、餐饮、物业、速运、医院、消防、大型活动等各行各业开展职业服文化研究和设计服务。研究所针对我国职业服现状开展职业服文化与理论、职业服流行趋势、各行业职业服分类及职业服标准研究,致力于职业服专业人才培养及职业服学术交流。其研究成果将面向全社会公开,服务于国内职业服行业,促进研究成果产业化,同时成为提高我国职业服行业水平的交流平台,为我国纺织服装产业升级提供学术研究支持。

TREND INDEX 时尚咨询是东华大学—上海高校知识服务平台旗下专门从事流行趋势与品牌咨询的研究机构,以微信公众平台的方式推送信息,每年发布原创流行趋势,为国内外纺织服装企业与机构提供品牌与产业服务咨询。核心服务有流行趋势、品牌咨询、精英培训。前身为东华大学服装研究中心,主要推送一些时尚资讯。如图 4-41 所示。

海派时尚是东华服装与艺术设计学院、业界设计名家以及产学研合作企业的集

核心服务：流行趋势   核心服务：品牌咨询

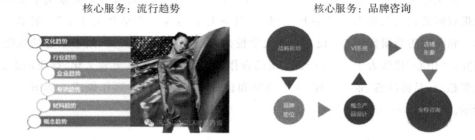

图 4-41   TREND INDEX 时尚咨询

体智慧结晶，包含本土设计师及品牌企业人士在内建立的咨询网站（http://www.
style. sh. cn/）。公众能免费查阅文化、男装、女装、鞋履、箱包、图形和面料的最新潮流
趋势分析报告。自 2013 年起每年 4 月和 10 月与纽约等城市同步发布"海派时尚"流
行趋势，针对秋冬季和春夏季产品研发前期的灵感溯源和概念设计，原创、完整、高品
质地呈现了海派时尚流行趋势，为产业链中的相关企业和人士提供了海派时尚的设
计要素，向世人展示了上海原创的潮流。全部内容除集结成册外，还通过网络平台向
社会发布。如图 4-42 所示。

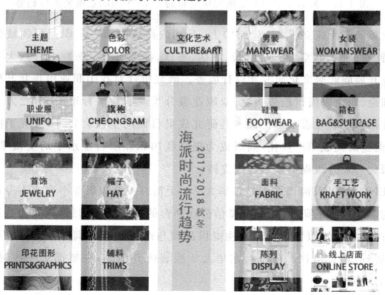

图 4-42   海派时尚网站

除去以上介绍与分析的流行趋势预测及发布网站之外，还有许多类似的网站，网站总汇请见附录一。

4.4.8　国内服装类高校提供的时尚资讯趋势平台

　　时尚咨询对服装类学院来说是必要的信息，所以国内各大服装类高校的图书馆都为学生提供了各种时尚资讯趋势平台，比如英国时尚预测机构 WGSN 时尚版、Berg 时尚图书馆、Data Park 数据公园等。

表 4-2　国内服装类高校提供的时尚资讯趋势平台

高校名称	时尚趋势平台
北京服装学院	WGSN 时尚版、Data Park 数据公园、Berg 时尚图书馆、The Vogue Archive、《WWD》女装日报
东华大学	WGSN 时尚版、Berg 时尚图书馆、The Vogue Archive、《WWD》女装日报
武汉纺织学院	WGSN 时尚版、Data Park 数据公园、Berg 时尚图书馆
清华美院	WGSN 时尚版
中央美院	Data Park 数据公园、The Vogue Archive、WWD 女装日报

4.5　品牌调查的方法与流行趋势的结合

4.5.1　目标消费者与生活方式解读

（1）目标消费者的市场细分与选取

　　市场细分又称市场细分化，20 世纪 50 年代中期由美国的温德尔·史密斯（Wendell R. Smith）提出。市场细分是市场营销的基本战略。市场细分与目标市场的选择过程是指在一个规定的市场或一群人中识别出不同的细分市场，评估每一个细分市场的潜力，挑选某几个细分市场作为目标市场，为目标市场制定不同的营销组合策略。

　　市场细分（Market Segmentation）是指根据共同的需求或特征将一个市场划分为

若干个子市场的过程,即通过细分变量将全部消费者划分为若干个具有相似需求的子群体。因为企业的资源是有限的,将有限的企业资源用于满足特定群体的诉求是市场细分的目标。

对市场细分,并选择一个或几个细分市场作为目标市场后,就需要对产品或者服务进行定位。定位是将营销策略中的每一个元素统一起来传递一种价值主张。而价值主张指产品或服务能够为消费者带来特殊利益的能力。

(2)目标市场偏好与态度

态度(Attitude)是一种喜好的倾向,它表现为一贯性地喜欢或者不喜欢某个特定对象。态度的形成受到个人经验的深远影响,也受到家人、朋友、直复营销、大众传媒、网络的影响。

态度是通过对给定的对象,如产品、品牌、服务、广告、网站、零售公司一贯性地喜欢或不喜欢的方式表现出的一种通过学习或经验所获得的倾向。消费者的态度即消费者在购买过程中对商品或者劳务等所表现出来的喜好倾向。如图 4-43 所示。

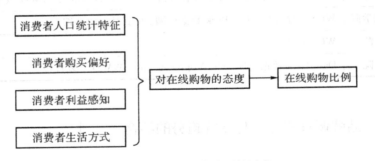

图 4-43　影响消费者购买的因素

三成分态度模型(Tricomponent Attitude Model),是指态度可分为三个主要成分:认知成分、情感成分、意动成分。

认知成分包括对态度对象的解释以及由此所产生的知识、信念和意义。对消费者来说,有关产品属性、使用结果和价值的认知是特别重要的,它是态度形成中情感成分、意动成分的基础。因此,消费者要对某种产品或服务产生态度,必须获得最低限度的信息。而认知的正确性直接影响消费者态度的倾向性。所以,保持公正、无偏见的认知是正确态度形成的前提。

情感成分是指消费者对态度对象所产生的情感体验。它表现为消费者对有关商品质量、品牌、信誉等产生的喜欢或不喜欢、欣赏或反感等感情反应。这种情感体验一方面依赖于消费者建立认知基础上的评价,另一方面也依赖于消费者对产品或服务的直接体验。感情对于消费者态度的形成具有特殊作用。在态度的基本倾向已定的情况下,感情决定消费者态度的持久性和强度,伴随着消费者购买活动的整个过程。

　　意动是指消费者对态度对象意欲采取行为的倾向。在消费者研究中,意动成分通常是指消费者的购买意向。其最重要的影响因素包括态度对象与个体目的的关联性,自我价值观念以及其他的整体性的态度。意动成分作为态度的外在显示,也是态度的最终呈现。

　　认知、情感、意动作为态度的主要成分,三者互相协调一致。通常情况下三者的统一最终形成消费者的态度。

4.5.2　目标消费者与品牌定位

1.动态多维定位

　　余明阳教授在其 2008 年的著作《品牌定位》中提出了“品牌动态定位”的概念,并在 2010 年发表的的学术论文《品牌动态定位模型研究》中提出了动态定位模型。如图 4-44 所示,动态定位模型(Dynamic Positioning Model,DPM)以“变化”为前提假设,以消费者、竞争对手、企业自身为主维度,以宏观环境、行业环境为辅维度,从 5 个维度的观察分析完成品牌的再定位。

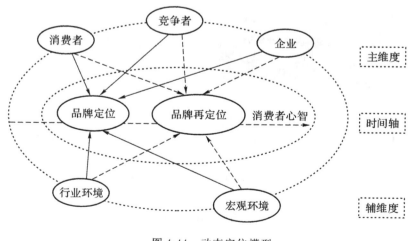

图 4-44　动态定位模型

2. 品牌定位与流行趋势的选择

品牌定位（Brand Positioning）的目标在于在消费者心目中占有一个清晰和差异化的位置。品牌可以选择在三个层面上清晰地定位品牌于消费者的头脑中：产品属性（Product Attributes）、产品利益（Product Benefits）、价值定位（Beliefs and Values）。企业应该有创造一个品牌的使命和最终形象的愿景，以及考虑清楚在哪个层面定位品牌。

不同的品牌有不同的目标市场与品牌定位，品牌目标消费群的差异化需求与品牌定位，使得品牌需要从流行资讯中汲取适应本品牌特质与消费者偏好的流行灵感源与流行情报。

3. 与具体品牌结合的 2016/2017 趋势选择与分析

组图 4-45、4-46 为两组趋势分析，根据目标消费群体差异化的生活方式与偏好分析、价值观、价格接受能力，可以在同一季主题背景下，借鉴当季流行趋势信息，发展出以下风格不同的品牌趋势分析看板。

图 4-45　趋势选择与分析（一）

图 4-46　趋势选择与分析(二)

5 探讨流行 ～⌒

5.1 跨界与融合

5.1.1 定义跨界（Crossover）

英文中的 Crossover 本意是"跨界、跨越、交叉和融合"，而后逐渐被指代为两种不同事物的混合与交融。如今"跨界合作"（指两个不同领域的合作）已成为一种品牌制造潮流的手段，特别是在时尚流行周期比其他行业都要短的服装领域。著名例子包括：阿迪达斯与山本耀司的合作，创造 Y3 品牌；SWATCH 与奔驰的合作，开发出 SMART 汽车等。在时尚界，跨界已是一种风潮，它代表着一种新锐的生活态度和审美方式的融合，其最大好处是让原本不相干的领域或元素，相互渗透、相互融汇，从而带来一种新的时尚观念。因此，打破固有的框架，跳脱熟悉的位置，穿梭于不同领域的行为，我们统称为跨界。而跨越两种或两种以上领域、界限之间的设计，就被称为"跨界设计"。它是一种突破原有行业的惯例、通过嫁接外行业价值或全面创新而实现价值跨越的品牌行为。

跨界模式就是运用跨界来解决品牌与另外一个品牌或多品牌进行合作的运行方式，并能用这个方式来解决跨界合作中产生的问题，提出解决方案的核心。

服装品牌的跨界模式主要是从服装领域出发，对除了服装专业以外的专业领域，可以是多品牌合作，通过附身于某种艺术形式来表达品牌的设计理念，提升品牌的文化和价值。而这种服装品牌合作过程的一个标准化结构就是服装品牌的跨界模式。

5.1.2　跨界的主要类型

1.艺术跨界

既为跨界,就一定有界的存在。这种界就是专业、学科、领域。而艺术跨界就是将某一艺术领域的方法、状态延伸到其他领域。视觉、建筑、设计、音乐、舞蹈、戏剧、电影等艺术领域界和各个品牌进行合作设计生产产品,或以其他艺术形式而推出的跨界合作称为艺术跨界。例如,巴巴多斯黑人歌手蕾哈娜与美国运动品牌 Puma 合作设计的 Fenty × Puma(见图 5-1),该系列由蕾哈娜个人亲手设计,她将个人在音乐领域的创作元素转移到了服装设计上,所设计出的产品独具特色,受到接受此类音乐文化的海内外年轻人的欢迎。

图 5-1　Fenty × Puma

2.产品跨界

产品跨界是新产品、新品类出现最常使用的手段,通常有两种现象:一种是同一行业,不同种类的跨界,例如美国运动鞋品牌 Greats(见图 5-2),拥有运动鞋的鞋型以及品牌定位,但其面料是以高级奢侈皮料为主,从功能性来说,Greats 的鞋类属于运动鞋类,而从价格和面料做工方面看,Greats 的产品可以定位在奢侈品类别里,这就是产品跨界;另一类产品同属两种不同的定位。

图 5-2　Greats 品牌官网

3.服务跨界

最常见的是该品牌在服务方向上引入其他服务行业的经验,对本领域服务内容进行拓展和创新来满足消费者的更大需求,例如 Gucci 在中国上海开设了全球首家餐厅(见图 5-3)。不仅是 Gucci 对餐饮行业感兴趣,LV(路易威登)、Prada(普拉达)、Burberry(巴宝莉)、Hermes(爱马仕)、Armani(阿玛尼)、Chanel(香奈儿)、Ralph Lauren(拉尔夫·劳伦)、Dunhill(登喜路)、Montblanc(万宝龙)、Dolce&Gabbana(杜嘉班纳)等诸多奢侈品牌都跨界涉足了食品餐饮行业。

如此步调一致的跨界餐饮业,的确是因为奢侈品的生意不好做了。特别是在中国,在零售业整体增速下滑的大趋势下,商场里的各大奢侈品专卖店的人气更是低迷。

奢侈品巨头们开始寻找应对方式,试图以多种方式吸引更多的年轻消费者,布局餐饮业容易上手,迅速成为大家的共识,于是就有了上面这些餐饮副牌的诞生。

图 5-3　Gucci 上海餐厅

图 5-4　TONI&GUY(汤尼英盖)成立 50 周年

汤尼英盖(TONI&GUY)是一家英国美发公司,创立于1963年,从英国伦敦南部一个微不足道的沙龙起步,开始征服世界,发展至今,足迹已经遍布了五大洲41个国家,有460多家美发沙龙,25所研习机构,影响着全球美发事业。

为满足业界人士对发型创意造型设计的完美要求,托尼英盖公司于1988年在英国布赖顿开设了托尼英盖专业发品研发中心,着重于专业饰发品及其高端洗护、烫染产品的研发,其卓越的品质得到欧州众多贵族及业界人士的认可,所有产品在欧州近3000家美发沙龙和20余家美发培训中心得到了广泛推广,一时风靡全球。

进入21世纪,汤尼英盖公司以其完美的品质、专业的教育团队、超前的售后服务、完善的物流系统、灵活的经营方式和跨国合作模式行销全球50余个国家。并于2005年选择了中国这个潜力无穷的市场,在香港设立了亚洲区总部,并根据中国美发市场,制定了一套"科学、严谨、行之有效"的教育带动产品的销售模式。

对于以顾客定制订单为设计、生产驱动的定制服装品牌来说,拥有稳定的顾客群是品牌存在与发展的根本。而对顾客的吸引与维护依赖于其提供的可被感知的顾客价值与稳定优质的服务。在定制业务的全过程中,根据业务流程涉及的相关人员,无论是设计师、工艺师、制版师等设计或技术人员,还是业务经理、品牌经理等管理人员,都会全力以赴地为顾客服务,为顾客提供定制服饰产品的维修、保养、翻新等售后服务。相对于成衣品牌提供的标准化服务,定制服装品牌提供的是一对一或多对一的非标准化服务。

4.技术跨界

品牌将其他行业、领域的技术引入本行业,实现品牌突破。例如,孙云[HYSSOP(见图5-5)创办人,高级外观建筑设计师]将建筑外观的设计元素运用到服装设计领域,将室内设计的灵感、风格、技巧与服装设计进行整合,创造出一个独特的新品牌。

图5-5　HYSSOP店铺

5.设计跨界

设计跨界在时尚领域及建筑领域屡试不爽，HOTEL FOX 酒店的室内设计没有请室内设计师，而请的是建筑设计师、涂鸦设计师、城市景观设计师；时装教父阿玛尼涉足家具设计(见图 5-6)。设计跨界模糊了工业设计、建筑设计、时装设计的界限，既能带来新的视觉冲击，本身也是一次营销行为。因此，涉及非本专业的设计领域往往会实现更大的突破，带来惊人的效果。

图 5-6　阿玛尼家具设计效果　　图 5-7　上海 K11 全球首家 Vivienne Westwood Café

奢侈品牌开咖啡店已不是什么新鲜事，早就有伦敦的 Burberry Cafe，Gucci 在上海开设的咖啡店，东京的 Chanel Cafe…就算不能日日买名牌手袋，也能去大牌的咖啡店喝个下午茶，享受其独具风格的设计，也是一种买得起的奢侈品。

Vivienne Westwood 也跨界设计起了自己的咖啡店。全球首家 Vivienne Westwood Café坐落于上海 K11 购物中心，如图 5-7 所示。除了西太后的大名够吸引人之外，咖啡店在设计上也参考了时装及英国茶文化元素，分别带来展现时装秀后台风光的"摄影棚"，以及 18 世纪装饰风格的"茶室"。Vivienne Westwood 的土星环标志和英伦格纹自然无处不在，只需点一份下午茶，你便会在瓷盘和茶盘架上发现它们的踪迹。

6.情感跨界

　　情感跨界即指从理性的、强调功能性满足跨入感性的情感满足,或是从感性情感满足转向理性的非功能满足。英国品牌巴宝莉的成功属于前者,原本是士兵的防风雨衣,在电影《北非谍影》(1942 年)、《珍珠港》(2001 年)热映后都引发了单品热销,其中男主角穿过之后,更给予了巴宝莉风衣更加不一样的定义与情感象征。如图 5-8 所示。

图 5-8　巴宝莉风衣

7.品牌跨界

　　不同品牌间联合开发出新的品牌,这在时尚行业比较明显,例如,SWATCH 和奔驰合作,开发出的 SMART 汽车,百事可乐联合 Kappa 推出的新品 Kappa—百事"影舞"系列(见图 5-9)。这种跨界合作能带来立体感和纵深感,产生新亮点,能让双方共享信息、品牌优势及忠实用户资源,从中获取更多的利益、更多的用户及更大的市场,还有可能就此发现新的契机。

图 5-9　百事可乐与 Kappa 的"舞影"系列

8. 文化符号跨界

　　不同领域、不同品牌之间相互运用品牌文化符号进行的设计,得到完全惊人及出乎意料的反响的创作模式,被称为文化符号的跨界合作。Moschino 2014 秋冬系列堪称经典,美式幽默移植到意大利戏谑风上,以红与黄的麦当劳主旋律开场,将包包变为奶昔杯、儿童套餐盒,将锁链包直接放在托盘上呈上。很好地把麦当劳这个餐饮界的流行元素注入到 Moschino 的品牌中,同时还运用了海绵宝宝的卡通流行元素,成为服装的一大亮点。如图 5-10 所示。

图 5-10　Moschino 2014 秋冬系列

跨界类型的内涵与特殊性对比如表 5-1 所示。

表 5-1　跨界类型的内涵与特殊性对比

类型	内涵	特点
艺术跨界	将某一艺术领域的方法、状态延伸到其他领域	以艺术形式推出的跨界合作
服务跨界	针对本领域服务内容进行拓展	提升服务的品质
技术跨界	将其他行业、领域的技术引入本行业，实现突破	把技术进行包装，提升跨界合作的产品价值
设计跨界	工业、建筑、时装设计无界限，充分合作创新	涉足非专业领域的设计，带来新的理念，打破视觉冲击
地域跨界	突破地域符号，实现跨越	冲出本地域，拓宽地域的发展区间
情感跨界	从理性的、强调功能性满足跨入感性的情感满足	在情感上入手，找到与消费者的共鸣
品牌跨界	不同品牌之间的联合，开发出新的品牌，或者开发出一系列产品，来对品牌进行创新	这种跨界合作能带来立体感和纵深感，产生新亮点，能让双方共享信息、品牌优势及忠实用户资源，拓展消费群体
文化符号跨界	不同领域、不同品牌之间相互运用品牌文化符号进行设计的跨界合作	着重于品牌的文化符号的运用

5.1.3　品牌跨界的价值

1. 提升品牌时尚度、知名度

服装品牌通过多种艺术形式或与不同的品牌文化进行相互融合创新，推出新风格系列的产品或单品，不仅能给品牌注入更丰富的时尚元素，也能提高品牌的文化内涵和时尚度。在某一程度上，告知消费者，我们的品牌在突破、在创新、在发展。

品牌通过跨界合作达到知名度与经济利益的双赢，例如多年前法国品牌路易威登（Louis Vuitton）与日本视觉艺术家村上隆（Takashi Murakami）的成功合作。

2. 拓展消费群

打破市场中的固有时尚元素，创新出全新的品牌时尚新元素，来突出品牌，吸引更多的潜在消费者，同时拓展品牌消费群。鉴于增加新元素的可信度与成功率，跨界合作模式给了品牌新元素一个名正言顺的身份与背景。因为品牌跨界的对象通常是经过认真筛选，在同一领域或其他领域具备与品牌同等或更高身份的合作者，其社会地位与专业技术已被市场及消费者认可。因此，增加了新元素以后，会拓展消费群，让更多的消费者达到情感的共鸣。

3. 品牌文化和内涵塑造

2000 年，历史悠久的法国品牌路易威登正处于品牌风格守旧、消费群老龄化的境况，如图 5-11 所示的品牌 Monogram 图形元素在长期使用中并未有任何显著的变化。当时，其极其看好日本这个亚洲奢侈品市场，于是选择了与以动漫风格见长的日本视觉艺术家村上隆合作。路易威登与村上隆的合作，将一直以来被认为难登大雅之堂的动漫艺术植入了原本以优雅著称的法式经典中，形成了新风格的 Monogram 图形。其后，该品牌相继与街头涂鸦艺术家斯蒂芬·斯普劳斯（Stephen Sprouse）、流行文化艺术家理查德·普利斯（Richard Prince）等进行跨界合作，把许多看似矛盾的元素与精神融入品牌，拓展了受众市场。艺术家们也因品牌的宣传与产品的售卖而获得了更广泛的知名度，丰富了品牌的文化内涵。

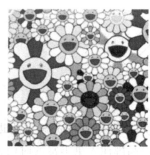

图 5-11　Monogram＋村上隆的标志图案＝两者跨界合作图形

4. 品牌保鲜

一个品牌长期的文化坚持在某些时刻会给人带来一种一成不变的旧感，因而缺少了新鲜感和创作灵感。在这个时候,给品牌创造一个跨界合作的机会,会给该品牌的忠实消费者带来耳目一新的视觉效果,也可以把两个品牌的忠实爱好者的目光聚集在它们的合作产品上,拓宽消费群体,也提升品牌的知名度和时尚感。LV 在低迷期的时候,选择了和日本艺术家村上隆进行跨界合作,设计出了一系列风靡全球的手袋,如图 5-11 所示。因此,恰当运用跨界合作,可以在合适的机遇、时间收获意想不到的效果和成功。

5.1.4 服装品牌跨界模式的双方关系和主要类型

1.跨界双方的合作关系

在跨界合作的过程中,因目的与职责的不同,合作双方为服务者与被服务者。被服务者通常是跨界合作的发起方,是负责协助设计、生产与推出产品的服装品牌,也是后期产品销售与品牌提升的最大获利方。服务者是将新元素融入被服务者产品的设计主导方,其类型多样化:从不同领域的服装品牌到其他领域的品牌,从服装设计师个人到其他领域的设计师、艺术家、明星(见表 5-2)。服务者在最终的利润分配中所占比例相对较小,但会在被服务方的受众群中增加知名度。

表 5-2 服装品牌跨界合作的服务者类型

类型	合作双方	
	被服务者	服务者(服装品牌)
汽车品牌	玛莎拉蒂(Maserati)	芬迪(Fendi)
酒店品牌	Rezidor SAS	米索尼(Missoni)
手机品牌	三星(SAMSUNG)	普拉达(Prada)
酒类品牌	伏特加(Absolut Vodka)	加勒斯·普(Gareth Pugh)
卫浴品牌	乐家(Roca)	阿玛尼(Armani)
手表品牌	卡西欧(CASIO)	杰瑞迷·斯考特(Jeremy Scoott)

2.服装品牌之间的跨界合作

服装品牌之间的跨界合作是较为常见的方式。服务者将其自身的设计精髓运用到被服务者的产品中,产品的质量与成本由被服务品牌控制,例如瑞典快速时尚品牌H&M与众多高端服装品牌的跨界合作。H&M对于合作方的挑选,从大众较容易接受的经典品牌延伸到了更为小众、前卫的先锋品牌。大众平价品牌与高端小众品牌的跨界合作,为消费者提供了利用有限资金尝试高端时尚的机会。前者提升了品牌的时尚标杆地位,后者吸引了潜在的新兴受群,获得了双赢。

3.服装品牌与知名设计师的跨界合作

服装品牌与知名设计师的跨界是较成熟的一种合作方式。知名设计师作为服装领域的精英,已具有鲜明的个人风格与影响力,并在其所在的分支风格领域备受推崇。他们通常自身拥有成功的设计师品牌,或任职于成熟品牌,所以对于流行的预知、新元素的整合设计具有强烈的控制力与说服力。例如,运动品牌阿迪达斯(Adidas)因其分支系列的不同特征,分别与不同设计师进行着长期的跨界合作。其中,运动表现(Adidas Performance)与英国知名设计师斯特拉·麦卡特尼(Stella McCartney)的合作、运动经典系列(Adidas Original)与巴西潮牌(The Farm Compam)的合作,都给这个原本以纯运动服饰为主的品牌注入了时装与街头的元素,加强了其产品的流行度、日常可穿性及配饰性。

4.服装品牌与其他艺术从业者的跨界合作

除了在同领域内的跨界合作之外,服装品牌的合作对象也日趋丰富,如建筑设计师、工业产品设计师、艺术家、明星及其他领域的品牌等。由于艺术表现方式之间具有相通性,把其他产品的设计理念与形式感跨越性融入服装设计中,对于消费者来说具有新鲜感与趣味性,但难度也较大。同时,服装品牌与艺术家的合作也层出不穷。通常,这类品牌重视艺术底蕴与文化发展,并且具有实验性的先锋意识与创新精神。

此外,服装品牌也与明星进行跨界合作。明星本身并不属于服装领域,合作产品也并不一定是明星本人所设计,但产品风格都围绕着明星的典型穿着与个人品位展开设计。作为被服务者的服装品牌实则更看中的是明星参与下所推出的产品系列对消费者的吸引力。例如,加拿大摇滚明星艾薇儿(Avril)与运动品牌Lotto的跨界合作,就是将她日常穿着中高频率出现的元素运用到系列中,并以Avril命名该系列,吸引了众多摇滚青年尝试该运动休闲品牌。

5.服装品牌与其他领域品牌的跨界合作

与个人合作方式不同,比同领域服装品牌合作更具有难度的是服装品牌与其他
类别品牌之间的跨界。不同类别的品牌之间品牌理念不同、产品品类不同、表现方式
不同、流行周期不同、品牌文化不同,含有复杂而庞大的矛盾元素体系,它们的合作成
为真正意义上的全方位跨界。服装品牌时常作为服务者受到其他领域品牌的邀请,
把服装品牌与流行元素结合运用到酒店、汽车、酒类、手机等其他产品中(见表 5-3 所
示),将时尚理念渗入生活的方方面面,营造一种生活方式的概念。例如意大利时尚
品牌芬迪(Fendi)与著名高端汽车品牌玛莎拉蒂(Maserati)跨界合作推出的跑车,其
外观与内饰充分运用了芬迪(Fendi)的经典配色与图形。

表 5-3   服装品牌跨界合作的被服务者品牌类型

类型	合作双方	
	服务者	被服务者
品牌(服装)	Alexander Wang(高端服装品牌)	H&M(平价服装品牌)
品牌(其他领域)	Hello Kitty(卡通形象品牌)	IT(潮流服饰品牌)
设计师(服装)	Jeremy Scott(潮流品牌设计师)	Adidas Original(运动休闲服装品牌)
设计师(其他领域)	ZahaHadid(建筑设计师)	Lacoste(休闲服装品牌)
艺术家	Yayoi Kusama(视觉艺术家)	Fendi(高端服饰品牌)
明星	Westlife(摇滚歌手)	Lotto(运动休闲服装品牌)

5.1.5   跨界合作中的矛盾与整合

1.合作品牌双方的矛盾元素

通过对跨界合作的品牌类型的分析,可以发现在众多的合作案例中,品牌双方呈
现出多方面的矛盾特征(见表 5-4),其中包括品牌风格的差异、消费群体的大小、品牌
价格定位的高低、产品材质的差异以及产品周期的不同等。因此,被服务对象在寻找
服务者的过程中往往看中的就是对方与其自身的矛盾性是否达到统一。同时,跨界

合作的产品可以为品牌带来某些自身所缺少的特征而进行互补。所以,跨界是一个可以给服务者和被服务者带来双赢的途径。

2.矛盾元素的整合方式

一个成功的跨界合作一定是获得了一个很有效的整合方式,将合作双方的矛盾元素进行休整,设计推出更加合理化的产品。而常见的有效整合方式包括图形变化法、风格借鉴法、外观转换法、价格折中法、销售限定法和文化符号融合法等。

(1)图形变化法适用于以图形艺术表现见长的服务者,以及具有标识性图案的服务者。图形艺术最适用于形与色进行转换,从而得到不同的图形设计。服务者可以将最具有代表性的图形元素作为重点设计,运用在合作产品中,保持被服务者产品外观基本不变。这样也能更好地被原品牌的被服务者所接受。

(2)风格借鉴法主要适用于以风格独特见长的服务者,包括服装领域的服务者与明星。服务者可将其经典款式、经典设计手法运用到合作的产品中。

(3)外观转换法适用于不同领域合作的设计产品中,即把运用在其他产品的外观造型运用艺术思维转换成服装的线条与轮廓感。

(4)价格折中法适用于拥有不同消费阶层的合作双方,以相对折中的方式来满足被服务者的消费能力和消费承受能力,同时也能潜移默化地提升品牌形象。

(5)销售限定法是指以饥饿营销的方式增加消费者对合作品牌双方的关注,带来热潮。同时也为下一次合作铺下短期销售的伏笔。

以上几种矛盾元素的整合方式,不仅仅可以单独运用,也可以通过组合式的方法出现,根据具体的问题进行分析。组合方式越多,跨界合作系列的产品就越鲜明,对于消费者的冲击力也越大(见表 5-4)。

表 5-4　服装品牌跨界合作案例中的矛盾元素与整合效果

案例	案例矛盾对比	案例整合方式	案例合作成果
Alexander Wang H&M	小众化、高价位 大众化、低价位	价格折中法 销售限定法 文化符号融合法	折中价位,设计带有 Alexander Wang 的综合风格的 H&M 的限量服饰
Hello Kitty IT	风格统一、虚拟 款式丰富、真实	图形变化法 销售限定法	以 Hello Kitty 为主要图案的 IT 限量服饰系列

续表

案例	案例矛盾对比	案例整合方式	案例合作成果
Jeremy Scott Adidas Original	街头嘻哈、高价位 经典复古、中低价	图形转换法 文化符号融合法 价位折中法 风格借鉴法	中上价位带有 Jeremy Scott 的图案风格的 Adidas Original 运动款式系列
ZahaHadid Lacoste	硬材质、大空间 软面料、小空间	外观转换法 销售限定法	带有 ZahaHadid 建筑线条轮廓感的 Lacoste 限量服饰
Yayoi Hadid Fendi	前卫时尚、小众 法式经典、被熟知	图形变幻法 销售限定法	Yayoi Hadid 标志性波点元素的 Fendi 服饰系列
Westlife Lotto	摇滚、叛逆 运动、健康	图形变换法 风格借鉴法	推出 Westlife 头像及带有音乐元素的 Lotto 运动休闲系列
Gucci Maserati	轻工业、更新周期短 重工业、更新周期长	图形引入法 销售限定法	推出带有 Gucci 标志性图形内饰的 Maserati 限量跑车

5.1.6　服装品牌跨界的路径与发展

　　服装品牌的跨界从初步尝试到成熟运作是一个产品丰富化、合作稳定化、风格鲜明化,甚至品牌生成化的过程。初步合作,被服务品牌通常在较小的范围内推出产品系列,以单品或小系列的方式呈现。在首次跨界合作得到市场的良好反映后,基本以两种方式继续拓展:一是以相同或改良的模式尝试与其他风格的合作者推出新系列,如 H&M、优衣库(Uniqlo)等快时尚品牌;二是与原合作者周期性地推出新系列,产品种类与数量会随着市场的逐渐成熟而不断增加,如阿迪达斯的设计师系列。此时,跨界系列已向新风格形成的方向探索,短时间的利润已经不是品牌所单一追求的。当新风格在市场中获得消费者的浓厚兴趣时,被服务品牌会大量投入资金,继续开发与深入稳定新风格。其最终的结果就是成立一个真正意义上的新品牌——独立设计与独立运作。例如,时尚休闲品牌 Y3 就是当年看似毫无关系的两个品牌——山本耀司(Yohji Yamamoto)与阿迪达斯(Adidas)由跨界系列的稳定合作而最终成立的高端休闲运动品牌,如图 5-12 所示。

图 5-12　山本耀司和阿迪达斯合作的 Y3 品牌

　　未来的服装品牌发展将更加努力地寻求形式的突破,品牌之间的跨界合作模式将日趋丰富多样化。从双品牌合作延伸到多品牌合作,从有形产品的开发到无形产品的开发,都有成为新形式的可能性。在服装品牌的跨界合作中将呈现出更多意想不到的矛盾元素的整合,并以创作出新风格与新风貌为目的。合作模式得以在产品上、精神上、价值上获得突破与延续,成为开创品牌、整合资源、共创价值的一种新型手段。

5.1.7　跨界合作的案例

1.路易威登（Louis Vuitton，LV）品牌发展历程

Louis Vuitton 品牌发展历程如图 5-13 所示。

1835，Louis Vuitton开始了自己的巴黎之行

1854，Louis Vuitton成立了自己的公司

1859，Louis Vuitton增加了自己工厂的生产线

1875，开启了品牌个性化旅行箱定制服务

1888，Damier图案诞生

1896，Monogram图案诞生成继承人以外最大股东

1901，Steamer手袋诞生

1914，全球最大的专卖店在巴黎香榭丽舍开业

1930，Speedy手袋诞生

1934，Alma手袋诞生

1967，Louis Vuitton首次参加巴黎世博会

1992，Louis Vuitton正式进入中国市场

1997，Marc Jacobs加入品牌

2000，Louis Vuitton在与美国艺术家Stephen Sprouse合作推出涂鸦包，这也是LV首度跨界合作的例子

2002，LVMH正式推出一款系列手表

与日本画家村上隆合租推出"樱花"限量款

2004，Louis Vuitton庆祝成立150周年

2007，前苏联总统戈尔巴乔夫代言LV皮包广告

Louis Vuitton入股爱马仕

2012，Louis Vuitton进入中国20年

2013，Nicolas Ghesqu接替小马哥成为LV创意总监

2014，Louis Vuitton 成立160周年，邀请6位艺术家赋予Monogram包创新创意

2017，iPhone手机壳销售额远高于手机价格

2017，Louis Vuitton收购迪奥高端业务

图 5-13 Louis Vuitton 品牌发展历程

2. Louis Vuitton 跨界合作模式分析

（1）A 品牌（品牌创新）＝品牌＋非时装领域的名人效应（主导）

这种模式是品牌与一些不同领域的名人进行的合作设计。这种模式中，一般以名人名流为设计主导，品牌为这些人提供一个商业性的设计平台。其主要运用品牌的经典款式和图案（如名人的经典设计）融合给消费者们带来一个全新的视觉上的体验和享受，掀起一股热潮。因为与品牌合作的全是各行业领域的名人，所以这种模式打破了传统简单的品牌代言方式。邀请名人参与跨界设计的品牌，从设计、生产到宣传推广都印上了名人的印记，既提升了己方品牌的文化涵养，让消费者眼前一亮，达到情感上的共鸣；又能吸引大量名人粉丝的追捧，这是一个双赢策略。而这些跨界名流也借此机遇拓展个人事业，甚至开创全新事业，也可能创立一个全新品牌。让自己的设计真正运用到产品中去的名人名流一般为时尚明星、设计师、艺术家等。他们的跨界设计多会对品牌的现有产品进行改良或重新设计，通常以风格借鉴法、销售限定

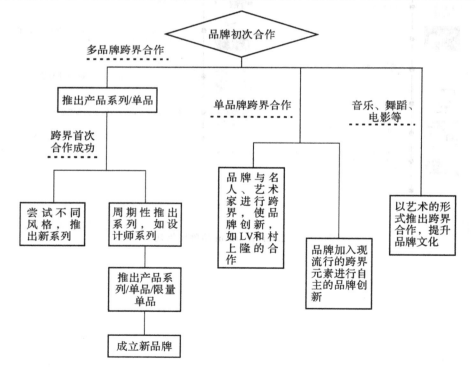

图 5-14　服装品牌跨界路径结合案例分析

法为主,通过设计师的设计灵感来激活品牌形象,打破品牌一直保留的原有形象。但这不是改变品牌形象和文化,而是对该品牌的文化、价值及形象进行升华。

(2)Louis Vuitton 与村上隆合作的案例分析

自 1854 年以来,Louis Vuitton 代代相传至今,以卓越品质、杰出创意和精湛工艺成为时尚旅行艺术的象征。产品包括手提包、旅行用品、小型皮具、配饰、鞋履、成衣、腕表、高级珠宝及个性化订制服务等。自从 1997 年小马哥——马克·雅可布(Maic Jacobs)接手 Louis Vuitton 以来,就不断致力于这家百年老店的与时俱进。因为他知道,历史对于 Louis Vuitton 来说既是财富,也是负担,它既象征富贵,但惯用的褐色却多年不变,难免让人觉得有点沉闷。为了博得更多年轻消费者的青睐,这位来自纽约的犹太设计师除了对成衣系列进行各种年轻化的设计之外,跨界合作也是他结合艺术、商业和传媒的一条捷径。高级时装与艺术的结合总是叫人欣喜,这样的跨界合作不仅推红了艺术家,也提升了品牌的知名度,这种相得益彰的事似乎已经不是设计师的心血来潮了,而是成为 Louis Vuitton 品牌每年固定"玩"的项目,甚至能够为一整季的服装配饰提供灵感。这也是服装品牌发展的一个跳板,村上隆与 Louis Vuitton 的合作简直成为日后与 Crossover 合作的标本。一个是时尚王国的骄子,以年轻、叛逆、绝顶聪明的姿态驾驭百年经典品牌;一个是艺术世界的闪亮新星,以独特个性震惊西方。村上隆的作品出现在 Louis Vuitton 标志性的 Monogram 手袋上,那些可爱的彩色小樱花、小洋葱满天飞,一举征服了那些童心未泯的女人,把 Louis Vuitton 的发展推向了高潮。推出的樱桃包等款式更是引发了消费者

图 5-15 村上隆设计的
经典樱桃 Monogram

一阵抢购潮,在 Louis Vuitton 袋面原本的字母图案上加上花的设计,于是昵称樱花包的"Cherry Blossom"诞生,如图 5-15 所示。

在 Monogram 系列上推出的樱桃包等款式引发了消费者一阵抢购潮,同时也引领了时尚跨界与艺术家合作的风潮。限量发售的"Eye Love Monogram"系列则用了经典的可爱眼睛。如图 5-16 所示为村上隆为 Louis Vuitton 的 Monogram 设计的"Eye Love Monogram"系列与樱花系列。

同时,Louis Vuitton 也针对展览特别与村上隆合作了一组特殊商品"The little mushroom(蘑菇男孩)"。2007 年 10 月到 2008 年 2 月,村上隆与 Louis Vuitton 在洛

图 5-16　"Eye Love Monogram"系列与樱花系列

杉矶 MOCA 展览馆联手举办了"村上隆作品回顾展",不仅展出了村上隆历年来的经典艺术创作,还展卖 Louis Vuitton 和村上隆合作推出的三款"蘑菇男孩"记事本,上面有村上隆新设计的"蘑菇男孩"图案,还有手绘 Louis Vuitton 字样的 Neverfull 皮包及零钱包,这些商品仅限于展览期间在 MOCA 内的 Louis Vuitton 店出售(见图 5-17),并首次在 MOCA 博物馆开设门市,专门贩售这一系列商品。

图 5-17　The little mushroom 系列

　　在这次跨界合作中,村上隆还特地为 Louis Vuitton 献上了他的动画广告作品《Super Flat Monogram》。这部长达 5 分钟的动画把《爱丽丝梦游仙境》的故事移植到了现代东京,画工细腻,画面富有诗意,经东映卡通公司制成动画影片后,在日本Louis Vuitton 专卖店中播放。故事发生在东京闹市的一个下午。主角是一个充满灵气的小女孩 Aya,她在 Louis Vuitton 店门口等待朋友赴约,等得不耐烦了,于是拿出手机,却不小心掉在地上。这时,眼前出现一只全身满是 Monogram 图案的巨型熊猫,把她的手机拿起来放入口中,最后把 Aya 也给吞了,于是 Aya 暂别现实社会。在她进入 Monogram 的缤纷世界后,她摆脱了地心引力的束缚,飞了起来。而村上隆为Louis Vuitton 设计的三个形象——熊猫、戴彩虹花帽的小精灵花帽仔、洋葱头,则是Aya 梦幻之旅的伴侣,如图 5-18 所示。

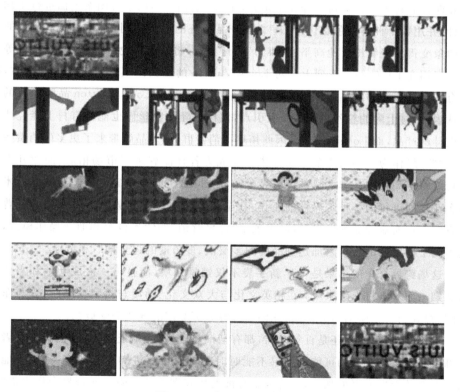

图 5-18 《爱丽丝梦游仙境》

　　据《纽约时报》报道,与村上隆的合作为 Louis Vuitton 创下了上亿美元的收入。村上隆转眼间由一个受欢迎的艺术家变成了时尚界的宠儿。从旧金山到柏林,"村上隆手袋"的预定单长得吓人,据美国《人物》杂志报道,只有伊丽莎白·赫莉、詹妮佛·洛佩兹这样的大腕明星才能在第一时间享受到新款手袋。

当西方经典品牌遇上东方天马行空的艺术家,这场时尚与艺术的联姻获得了空前的成功。顿时,村上隆的大笑花朵和招牌眼睛幻化成各种形式出现在 Louis Vuitton 的提包上。村上隆和 Louis Vuitton 的成功合作,吸引到更多的族群踏入和接受高级精品领域,也让 Louis Vuitton 在 21 世纪迅速迈向巅峰。Louis Vuitton 跨界的商业策略更是成为时尚界进行跨界合作获得巨大成功的经典案例,也成为跨界商业营销的经典。台湾知名广告人许舜英在其书《我不是一本型录》中指出,跨界合作最成功的应该就是 LV 与村上隆的合作。"没有什么跨界案例比它们更具普遍性,更能被大众所接受。LV 与村上隆的合作不只是艺术和时尚的跨界合作,更进一步成为东方和西方的跨界合作。"村上隆在 Louis Vuitton 袋面原本的字母图案上面进行了加花设计,并用数十种鲜艳色彩代替 LV 之前产品传统的三色印刷,让原本稳重优雅的传统印象变得年轻缤纷。他高举"幼稚力"设计大旗,将幼稚人物、小花、蘑菇、樱桃等多彩图案用在 LV 的经典系列上。对 Louis Vuitton 的经典图案进行了升华和突破,给原有的经典传统的图案增加了趣味性,突破了消费者对 Louis Vuitton 品牌原有的文化认识;对村上隆的粉丝也是一个吸引点,使村上隆的粉丝们也能拥有村上隆经典图案设计的产品,而 Louis Vuitton 因此拓展了消费群,也为品牌带来了更多的消费者。

"跨界"作为一种商业策略和方法已经成为各种品牌进行市场拓展、商业开发的通行策略。品牌和品牌之间进行跨界合作,设计师之间、艺术家之间,设计师、艺术家和企业之间进行的各种跨界性的工作,在全球商业主义的强势引导下成为一种普遍性方案。在商业和品牌发展领域,出现了"跨界营销"的学术概念和商业操作模式,通过不同个体之间的价值附加达到品牌的多层次、多角度的强势推广和传播。

这场跨界合作的结果是,LV 新手袋不仅销量猛增,而且再一次成功地和当代艺术联姻。而对于村上隆来说,在精英文化与大众文化、动漫与时装精品、西方与东方之间,找寻到了一座沟通的桥梁,开创了包容力更宽广的现代美学概念。

无论是跨国公司,还是百年老店,都有渐渐趋于老化、缺乏活力,从而让消费者产生麻木甚至厌倦心理的可能。如果不能时时刻刻保持前进和创新的姿态,就不能不断吸引新的消费人群的加入,品牌也就有被老化和淘汰的危险。而跨界合作提倡"交叉、超越"的思想,则让不同的文化、理念和思想,碰撞出更多耀眼的火花来。

5.2　流行与时尚

时尚在 21 世纪的中国乃至世界是一个被泛化的词汇,它有时被看成与流行同义,有时似乎又与时装与行为艺术有着极为密切的关系,且出现频率越来越高。但如果深究其概念,又往往难以界定。在中国的传统语言文字中,对于"时"与"尚"各有解释。"时尚"作为一个词何时开始运用早已无从考究,但是在中国,频繁出现当在 20世纪后期。将中文"时尚"对译为英文,最合适的词当为 fashion。《朗文当代国际英语词典》对其的解释为:The way of dressing or behaving that is usual or popular at a certain time。fashion 是在特定的时间段中最常见或最受欢迎的打扮与行为。"时尚"在法语对应的词是 mode。《法语词典》对于作为名词的 mode 有五种解释:①(个人的)生活方式,作风,想法,习俗,风尚;②时髦,时式,时兴;③服饰流行样式,时装式样;④女时装业;⑤女帽业。

在欧洲,"时尚"一词大约出现于中世纪晚期,可能与资本主义的发展有关系,主要通过服饰和装饰风格得以发展,其概念自 14 世纪开始逐渐为人们所接纳。

时尚是一种外表行为模式的流传现象,属于人类行为的文化模式的范畴。其通常表现为在服饰、语言、文艺、宗教等方面的新奇事物,并往往迅速被人们采用、模仿和推广,目的是表达人们对美好的喜爱和欣赏,或借此发泄个人内心被压抑的情绪。

5.3　流行与社会

时尚关联着无穷的事物,诸如人、空间、物、时间和事件等。如果服装已经充分反映了它与社会的的联系,那么时尚与社会又是一种怎样的关系呢? 事实上,时尚在社会里的角色(不管是它的经验还是先验逻辑),从来都不曾作为一个主体存在过,因为社会从来就不是一个没有时尚的社会,也没有一个不反映社会的时尚。

社会思潮、文化现象、社会现象从来都是有着千丝万缕的联系的。时尚即社会的精神细胞,它与社会是一种相互构成的关系。所以,社会的发展必然影响到时尚的发展,时尚的发展同样也反过来构成推动社会发展的力量。14 到 15 世纪欧洲的文艺复兴使个性解放与人文主义世界观得到尊重,因而时尚在人们视野里有了新的面貌;20世纪以来,时尚凝聚了艺术家的态度,艺术的门类则因为时尚 而生出不同的认知。因此,时尚和社会间以一种映像的关系存在着。

5.4 流行与文化

文化关联着装主体的服饰选择,与着装场合也紧密相关。关于这一点,服装 TPO(Time Place Occassion)原理对此做了很好的译释。首先,地区的差异带来全然不同的文化类型,也赋予服装不同的文化意义。如在中东,长袍加身,女性多不露发,这与当地炎热的气候类型相关,也与伊斯兰教的教义及宗教氛围下的审美相关。其次,不同社会身份的人因职业、所处社会特征的差异作出各不相同的着装选择。例如,商界人士因职业需求穿正衣;职业人士穿制服表明身份与专业度;政治家积极利用服装塑造自身形象。此外,不同文化地域的消费者多依本区域的特殊场合、节假日、传统而着装打扮。

5.5 流行与数学

服装行业中,图案是一种兼具实用功能与审美功能的美术形式,在消费多元化、个性化越来越强的今天,为了满足人们求新、求异的消费心理,迫切需求寻找适合服装图案设计的新素材。数学与艺术设计的渊源、联系极其深刻,早在古希腊时期,数学就被视为一门艺术,作为自然科学的基础,可以为艺术提供更丰富的发展空间和表达形式。

5.5.1 基于数学方法的流行几何图案设计

图案是一种与人们生活紧密联系的实用性和艺术性相结合的形式。图案与服装是密不可分的,它对服装能起到装饰美化的作用。科技的发展给我们带来了设计图案的新思路,设计师可以运用区别于传统的设计方法,进行一些特别的设计和创意,比如运用一些数学曲线、数学公式的规则来生成图案。本章主要阐述准规则斑图和均匀随机网形成流行几何图案的方法和过程。

1. 几何流行图案

几何图案是指用各种直线、曲线,以及圆形、三角形、方形、菱形等构成的规则或不规则的几何形体作装饰纹样的图案,是起源最早的图案类别之一。作为服装设计元素中最悠久的参与者以及重要灵感和元素,它具有一种抽象的、强烈的形式美,为时装界增添了一道亮丽的风景线。在2012年各大秀场上,笔者看到设计师们以看似随意的线、面、方、圆及三角形等各种形象组合成的几何图案,或作"满花"装饰,形成特殊的具有抽象几何艺术形式的平铺式印花图案;或以随意的形态精心安排在胸部、肩部、裤管等部位,依势而饰;或作各种拼接处理,既可形成块面感强且较为简洁的几何装饰,亦可形成色彩对比清晰而又不过于艳俗的几何图案。Dries Van Noten 在其服装上运用了结构式的几何图案,Jonathan Sauders 等设计师将几何艺术矩形图案运用在了其大部分的设计中。

2. 准规则斑图的几何图案模拟

准规则斑图作为混沌动力学的另一个重要分支,通过对准对称随机网进行平滑操作而获得,其数学模型如下:

$$H_q^{(10)} = \sum_{j=1}^{q} \cos(u\cos\frac{2\pi j}{q} + v\sin\frac{2\pi j}{q})$$

其中,q 为对称次数;$H_q^{(0)}$ 为哈密顿量,另外 q 也是可调参数。改变等高线 $H_q^{(0)}(u,v)=E$,可以形成呈现 q 次对称的、由各种形状和大小不同的闭合不变曲线族构成的斑图。

对于大部分准规则斑图来说,它们风格各异,一般具有准对称性强、呈平面铺砌型等特点,具有几何图案的基本特征,有些图形好似中亚伊斯兰社会丰富多彩的装饰图案中具有多次旋转对称性的铺砌装饰图案。在高纯度色彩的配合下其图案显得富丽堂皇、如锦似画。通过对准规则斑图公式改变其参数 q 值或对其进行迭加函数 $f(u,v)$ 干扰而得到的一类呈现 q 次对称的图形,他们完全由纯粹的线条、点、圆圈以及各类块状图等组成,既抽象又美丽,装饰性极强,例如图 5-19(a)是渐变的几何图案,(b)是对设计师 Sport max 温婉的亮片彩色条纹图案的模拟,呈现波点形态。这些图案应用于图案设计中,可直接作为四方连续纹样,也可进行随机组合分布。

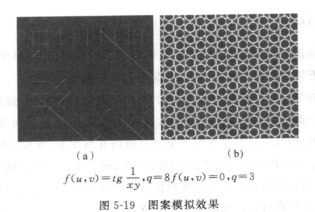

（a）   （b）

$$f(u,v)=tg\ \frac{1}{xy}, q=8\ f(u,v)=0, q=3$$

图 5-19   图案模拟效果

3. 均匀随机网的几何图案模拟

均匀随机网最早是由苏联学者扎斯拉夫斯基等五人在 1986 年研究共振扭转映射时发现并提出的，而又经过一系列的演变研究发现，均匀随机网是由 q 阶共振扭转映射决定的，它的数学模型如下：

$$\hat{M_q}\begin{cases}\bar{u}=(u+K\sin v)\cos(\frac{2\pi}{q})+v\sin(\frac{2\pi}{q})\\[2mm]\bar{v}=-(u+K\sin v)\sin(\frac{2\pi}{q})+v\cos(\frac{2\pi}{q})\end{cases}$$

q 为对称次数，K 表征不可积的扰动强度，另外 K、q 等为可调参数。

研究表明，q 值取集合 $\{q_c\}=\{1,2,3,4,6,\cdots\}$ 时，可生成无限大周期性均匀随机网；而当 $q\notin\{q_c\}$ 时，则可形成具有各种对称美的精致而复杂的准周期网。

如图 5-20 所示，平铺几何图案（a）、（b）、（c）是调整参数值后，均匀随机网产生的平铺式几何图案，是对近年流行的几何图案的放大模拟，它们构成了非常精致的一类矩形铺砌图案，向人们展示着数学的奥妙与神奇。这些图案[见图 5-20(a)的设计师 Marni 的平铺式几何印花图案]将一种特殊的、非传统的平铺式印花趋势，表现在抽象几何艺术形式上。

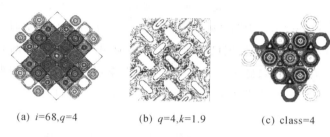

(a) *i*=68,*q*=4 　　　 (b) *q*=4,*k*=1.9 　　　 (c) class=4

图 5-20　平铺式几何图案

　　此部分内容对数学艺术图形在服装设计领域的流行几何图案设计应用进行了初步的探索,并通过实践予以证明。基于由数学理论生成的具有当下服装图案流行特色的印花图案可对传统的服装图案进行延伸与补充,运用此方法设计创造服装印花图案是完全可行的,所设计的既经典又时尚的艺术图案符合人们的审美,具有十分可观的实用价值。

5.5.2　基于分形理论的服装面料图案设计

　　由于人们的审美需求越来越多元化,传统的服装图案已满足不了需求,也难有突破点。为了提高产品的时尚感与附加值,需要寻找其他的服装图案设计方法。服装图案设计即在服装上设计图案,让服装整体看上去更加美观得体,而分形理论恰巧是一种能创造出许多美丽图形的理论。因此,分形理论的加入可以给服装图案设计提供一种全新的思路和设计方法,也给设计师提供了新的创作灵感,设计师既可以直接应用,也可以对它进行二次设计,创造出更多的服装图案;同时还丰富了服装图案的种类。

　　分形是由数学家曼德勃罗为描述所有结构复杂的破碎、不规则形状而创造的,用计算机绘制分形图形也与日俱进,并已成为一个独立的研究方向。用计算机可以获得外观新颖奇特、内容丰富多彩的图形,可充分发挥计算机快速灵活、设计感强的特点,减少设计者的工作量,提高效率。这就为服装图案设计提供了新的数字化设计手段。本书所采用的方法是一种建立在计算机技术上的简便快速且技术含量高的图案设计方法,其所有步骤都是在计算机的控制下完成的。把分形理论与计算机结合起来,可以通过简单的迭代生成许多漂亮的分形艺术图形,这些图形十分适用于服装。

　　分形几何图案具有非线性的图案特征,可用来描绘星云图、花朵、云团等不规则的大自然图案。1975 年，分形理论的创始人曼德勃罗由拉丁语 frangere 创造了"分形"一词，词本身具有"不规则"和"破碎"两个含义。分形理论是科学研究中一种重要的数学工具，它经过 40 年的发展已经影响了许多应用领域，并且逐渐影响了设计领域，开始为设计提供新的灵感来源和素材。分形图案以其变幻莫测的视觉冲击和令人叹为观止的艺术效果，在艺术界引起了不小的轰动。截至目前，分形艺术发展已成为艺术领域的一个重要分支。

分形图形主要有三种生成方法：复迭代生成法、L-系统生成法以及 IFS 生成法。目前，对基于复动力系统的分形图案生成常用逃逸时间算法。基于逃逸时间算法所生成的分形图形主要有以下几类：Julia 集、Mandelbrot 集、Newton 分形。通过对不同算法的设计，单个或者多个算法重复运用能得到多种图形图案。

复动力系统的算法适合对花卉图案进行设计，比如 Julia 集和 Mandelbrot 集适合设计多边花型（见图 5-21），迭代函数分别为$(f)Z=Z^6+c$、$Z=Z^{10}+c$、$Z=Z^p+c$、$Z=Z^7+c$。

（f）c=-0.6+0.61i　　　（g）c=0.67+0.52i　　　（d）c=-0.333+0.56i

图 5-21　多边花型

用 Newton 迭代法生成的图形多为放射状花型结构（见图 5-22），有不同程度上的对称性。通过这种方法生成的图案具有广阔的应用前景，可用于广告设计、服装图案设计、家居装饰等。通过 Newton 迭代法可以生成一系列的花瓣花型图，其中第一个图形由多函数迭代法生成，后面两个图形为单函数迭代法生成。

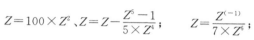

$$Z=100\times Z^2 \text{、} Z=Z-\frac{Z^5-1}{5\times Z^4};$$
$$Z=\frac{Z^{(-1)}}{7\times Z^6};$$
$$Z=\frac{\cos\times(Z)}{3\times Z^3}$$

图 5-22　花瓣花型

运用基本的复动力系统花型图进行构图设计(见图 5-23)，纹样以橘色为主色调，再适当运用互补色橘色来调和画面的单调感，使得纹样既鲜艳夺目、生机勃勃，又不过于刺激、尖锐、眩目。

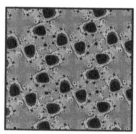

图 5-23　丝巾纹样设计

L-系统的本质就是字符串的重写，其构图原理可以用于绘制各种图形和分形曲线，具有很强的艺术感。影响 L-系统图案生成的因素有步长、线宽、初始角度、角度增量、迭代次数、产生式(生成元)和公理(初始元)、字符命令等。研究发现，产生式和公理是影响图形最重要的因素，改变两者其中一个都可以使生成的 L-系统图形完全不同。若产生式不同而公理相同，那么产生的图形外部轮廓相似、内部结构不同；若产生式相同而公理不同，所产生的图形局部相似、外部轮廓不同。

利用 L-系统的循环迭代可以绘制出各种几何图形，它具有不同程度上的自相似性，拥有无穷镶嵌、无限精细的结构，这是传统几何图形所不能媲美的。如图 5-24 所示，所有图形有共同的生成规则 $P:F+F-F-F+F+F-F-F+F$，初始角度 $\theta=0°$，角度增量 $\delta_1=90°$，$\delta_2=60°$，步长为 $1/5d$，但初始元和迭代次数不同。其中四个图形的初始元为 $w_1:F++F++F$，初始元扭转角度 $\alpha=60°$，迭代次数分别为 $n=1$，$n=2$，$n=3$，$n=4$。

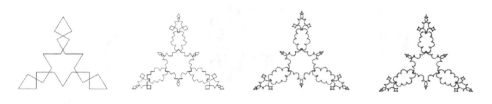

图 5-24　窗花图案

选用 L-系统生成的几何图案图作为面料纹样设计的基础纹样,根据图案设计的形式美法则对此图案进行二次设计,通过连续排列得到如图 5-25 所示的面料纹样。

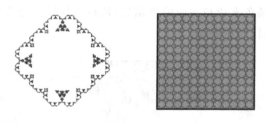

图 5-25　L-系统生成的几何图案纹样

5.6　流行与时尚中心

5.6.1　时尚中心

时尚中心与时尚产业的发展相辅相成。18 世纪中叶,随着时装品牌在欧洲出现,时尚媒体在欧美渐成规模,特别是在法国、意大利、英国、美国、日本成为世界时尚产业之都的同时,也形成了世界时尚媒体中心。这是一个必然现象。

1. 巴黎

巴黎是法国的第 75 省,属于法兰西岛大区,位于法国北部巴黎盆地的中央,横跨塞纳河两岸,已有 1400 多年的历史。在自中世纪以来的发展中,一直保留着过去的印记,一些街道的布局历史悠久,也保留了统一的风格。今天的巴黎,不仅是世界的政治、经济、科技、文化、时尚中心之一,也是一座旅游胜地,以它独有的魅力吸引无数来自各大洲的宾客与游人。

巴黎是极为著名的世界艺术之都之一,印象派发源地,欧洲油画中心,欧洲文化中心,欧洲启蒙思想运动中心,举世闻名的文化旅游胜地。世界美术最高学府巴黎国立高等美术学院蜚声世界,巴黎绘画精华荟萃于此。

巴黎被称为"时尚之都"并不算夸大其词。自 19 世纪以来,各国才华出众的设计师和服装师萃聚巴黎,纷纷成立公司以施展才气。法国高级服饰今日的辉煌,自然与历代才艺超绝的服装设计师所做的贡献是分不开的。另外,法国皇家和历代共和国政府也以各种手段扶植时尚事业的发展。

巴黎时装周起源于 1910 年,由法国时装协会主办。法国时装协会成立于 19 世纪末,协会的最高宗旨是将巴黎作为世界时装之都的地位打造得坚如磐石。法国巴黎被誉为"服装中心的中心"。国际上公认的顶尖服装品牌设计和推销总部大部分都设在巴黎。从这里发出的信息是国际流行趋势的风向标,不但引领法国纺织服装产业的走向,而且引领国际时装的风潮。巴黎时装周,向来是全球四大时装周的压轴。

每年 1 月和 7 月,在卢浮宫卡鲁塞勒商廊内举行的高级时装表演是巴黎社交界、新闻界和艺术界的盛事。

法国高级服装设计师的风格都是自成一体、个性分明的。从创作上来说,新老两代设计师在构思和艺术的表现形式上不尽相同。从 1960 年起,高级时装创意有转向年轻化的趋势,使得新一代的设计师得到崭露头角的机会。

2.纽约

纽约是美国人口最多的城市,也是全世界最大的都会区之一。逾一个世纪以来,纽约在商业和金融方面发挥着巨大的全球影响力。纽约是一座世界级城市,直接影响着全球的经济、金融、媒体、政治、教育、娱乐与时尚界;联合国总部也位于该市,因此纽约被认为是世界之都。它经常被称为纽约市,位于纽约州东南部。

1943 年,由于受第二次世界大战影响,时装业内人士无法到巴黎观看法国时装秀,纽约时装周在美国应运而生。

举办初期,纽约时装周以展示美国设计师的设计为主,因为他们的设计一直被专业时装报道所忽视。有趣的是,时装买家最初不被允许观看时装秀,他们只能到设计师的展示间去参观。

纽约时装周逐渐取得成功,原本充斥着法国时装报道的《时尚》(Vogue)杂志也开始加大对美国时装业的报道。

1993 年,纽约时装周开始在纽约曼哈顿的布赖恩特公园举办,T 台被安置在一个个白色帐篷内,只有受邀的买家、业内人士、媒体和各界名流方能入场。它也因此成为世界上历史最悠久的时装周之一。每年在纽约举办的国际时装周,在时装界同样拥有着至高无上的地位,名设计师、名牌、名模、名星和各种服饰共同交织出一场奢华的时尚盛会。

3. 米兰

米兰,古罗马时期被称为米迪欧·兰尼恩,意大利第二大城市,米兰省的省会和伦巴第大区的首府,位于伦巴第平原上。

米兰是欧洲南方的重要交通要点,历史相当悠久,因建筑、时装、艺术、绘画、歌剧、足球、旅游闻名于世。米兰都会区是欧洲人口最密集与工业最发达的地区之一。

米兰也是世界著名的国际大都市之一,世界八大都会区之一,意大利最发达的城市和欧洲四大经济中心(法国巴黎、英国伦敦、德国柏林、意大利米兰)之一,世界时尚与设计之都和时尚界最有影响力的城市之一,世界历史文化名城,世界歌剧圣地,世界艺术之都。

米兰是世界时装业的中心之一,其时装享誉全球。意大利是老牌的纺织品服装生产大国和强国,意大利纺织服装业产品以其完美而精巧的设计和技术高超的后期处理享誉世界。在四大时装周中,米兰时装周崛起得最晚,但如今却已独占鳌头,聚集了时尚界顶尖人物、成千上万家专业买手、来自世界各地的专业媒体和风格潮流,这些精华元素所带来的世界性传播远非其他商业模型可以比拟。作为世界四大时装周之一,意大利米兰时装周一直被认为是世界时装设计和消费的"晴雨表"。

4. 伦敦

伦敦是英国首都,欧洲最大的城市,与美国纽约并列世界最大的金融中心,位于英格兰东南部的平原上,跨泰晤士河。16 世纪后,随着大英帝国的快速崛起,伦敦的规模也迅速扩大。

伦敦是英国的政治、经济、文化、金融中心和世界著名的旅游胜地,有数量众多的名胜景点与博物馆。伦敦是多元化的大都市,居民来自世界各地。

伦敦时装周每年 2 月在伦敦举行,设计师的杰作将会以展览的形式展现给观众。时装周期间,这些时装设计天才将居住在自然历史博物馆的特质帐篷或其他容易激发灵感的地方。

　　每个季度,设计师都会齐聚伦敦向各地的专业媒体和买家展示自己的作品。伦敦是潮流创意发源地之一。

　　名气上虽然不及巴黎和纽约的时装展,但伦敦时装周却以另类的服装设计概念和奇异的展出形式而闻名。一些"奇装异服"以别出心裁的方式呈现出来,给出席者带来惊喜。在四大时装周中,伦敦时装周相对其他三个来说一直名不见经传,不论是规模、影响力、成交额等都屈居最后。

5.6.2　纽约时装业的发展与时尚之都定位

　　最初,纽约的服装业主要以进口为主。随后,纽约的裁缝行业逐渐壮大并且越来越具有独特的美国风格。缝纫机让服装业向工业发展。服装业的发展也促进了百货业的兴起。

　　从 19 世纪后期到 20 世纪初,时尚媒体和目录邮购商业开始发展起来,生产商研发了男装的标准化生产方法,纽约的服装也擅长大批量生产、适应性设计和工业化,但欧洲依然是时尚的榜样。20 世纪初,服装工业遍布全市并位居各行业之首。

　　20 世纪初到 30 年代,纽约的成衣业追随法国时尚而发展。20 年代纽约服装业充分满足了青年对香奈儿风格时装的需求。经济危机期间,好莱坞根据巴黎时装流行改编的电影以及纽约服装界迅速产销的电影中的服装的美国版,让维奥内特和斯基亚·帕雷利登上了服装设计界的顶峰。

　　第二次世界大战及 20 世纪 40 年代期间,纽约服装业开始探索本土设计。忠实于法国设计的美国顾客几乎消失,纽约涌现出一批本土设计师。功能性、实用性和舒适性成为女装的重要特征并延续至今。1947 年的"新风貌"之后,美国服装产业中心区多有法国设计的美国翻版,而此时纽约的本土设计业已然繁盛。

　　20 世纪 50 年代,艺术风潮兴起对服装产业产生了很多影响,纽约与其文化、艺术、音乐和时尚高度融合而共生。50 年代末,玛丽·匡特的超短风格被纽约服装界迅速拓展到各个价位。70 年代,纽约的服装工业经历一场灾难,中心区的制造业几乎消失。商业和生活方式的变化使设计师享有明星般的地位,也使消费者更加关心自身着装。1980 年,纽约一举成为金融中心而设计屈居后位。80 年代产生了无数新类型音乐,每一种都衍生出一种风貌。90 年代,一大群郊区孩子开始迷恋都市生活、都市音乐,Hip-hop 引发艺术风潮与时尚品牌的改变。2016 年的纽约利用媒体优势、制造业的复兴和创意产业的活力共同推动纽约时尚之都发展。

5.6.3　产业基本条件

雄厚的时尚产业力量和完整的产业链是成为世界时尚之都的基本条件。在巴黎,除了拥有强大的服装设计、制作和销售能力外,其他如饰品、鞋帽、珠宝、皮具、化妆品以及商业、时尚信息产业、原材料供应、教育等相关环节都相当发达。而米兰就凭借其从纺织到服装,从皮革、饰品到展会的完备的产业链而跻身于时尚中心之列。相比而言,由于时尚产业的产业链较长,无论我国的北京还是上海均有待于通过自身建设以及与周边城市的分工合作进一步加以完善。

1.城市地位与环境

城市地位与环境是形成时装之都的社会条件。国际五大时装之都基本上都是国际金融、经济、流通和交通甚至政治、文化的中心,具有超大型城市规模。纽约、伦敦和东京在把握全球证券交易命脉的同时还是国际航运中心。巴黎和米兰则是经济和交通的枢纽,巴黎还是法国乃至欧洲的政治和文化中心之一。人们在关注城市本身的同时,会注意这些城市中的时尚,而时尚在塑造城市的文化和个性形象的同时,也成为大都市的重要标识之一。

2.人文基础

成熟的时尚消费群体、优良的都市时尚传统、独到的时尚风格是时尚中心城市的人文基础。巴黎的高雅之所以抽象,从某种角度看是因为同样的服装会被不同的人穿出自己的品位。而东京不但有西装与和服并存,还有原宿的超前时髦青年。中国的悠久服饰文明由于历史的原因在近代产生了断层,即便是作为文化古都和政治中心的北京和曾有"东方巴黎"之称的上海,在日常着装中已难觅传统服装的形式和格调,服装流行虽几近与国外同步,但并未拥有足以让全球侧目的自有风格,时尚消费概念也只是初步形成。这也是短期内中国无法出现世界级时尚之都的原因。

3.特色标志

每一个国际时尚中心城市的时尚产业都具有自己的特色,都有一批代表性的世界级品牌、设计师和独到的经营方法并构成产业核心,这可算是专业条件。仅就服装而言,说到巴黎人们就会联想到迪奥。高级女装是巴黎服装业的招牌,巴黎还是高级成衣和服装品牌特许经营理念的发源地,并以优雅著称,强调服装的艺术性与人文气质。伦敦是公认的男装中心,其成衣技术独步天下,还有一批优秀的年轻设计师群体,沿袭了英国式的精致传统但又不为艺术所束缚,而是以商品的概念对待服装。纽约有出色的便装风格,都市风格、简约风格与民族文化交融复合催生的国际化风格成为纽约风格的缩影。米兰自 1975 年后成为公认的成衣之都,意大利品牌将悠久的历史、文艺复兴以来的贵族血统融入当代服装,且在品牌延伸经营等方面表现出众。日本风格强调东西交融、风格稳定、细致简约。同时巴黎的珠宝和香水,米兰的皮具和首饰,伦敦的瓷器,东京的生活用品均成为时尚产业的招牌。而中国的时尚产业虽已取得较大进步,北京和上海均涌现出一批设计师和品牌,但层次、产品结构的雷同使他们往往难以出彩。

4.文化融合与基础设施

国际化的时尚都市必须是开放的,同时还离不开政府的大力支持和协会组织的有效管理,这是保证其持续发展的必要条件。城市的开放性可以吸引人才和资金,事实上现有任何一个世界时尚之都的形成与发展都离不开外埠设计师、企业和经营者的参与,巴黎更是将自己定位为国际时装人才的大熔炉。政府导向和协会管理可以使时尚产业沿既定轨道有序地向预期目标推进。中国由于处在计划经济向市场经济的转型期,北京和上海在这方面还有许多工作要做。

5.国家总体实力与机遇

成为国际时尚之都依赖于国家总体实力的强大。五大时装中心的所在国在国际上均有较大影响,其国民经济产值均居世界前列,因此时装之都建设的一个必要因素即经济问题。同时,是否能够成为时尚之都还取决于机遇。巴黎和伦敦的流行地位是 18 世纪以后的历史造成的;纽约的出挑是第二次世界大战后美国文化在全球扩张的副产物,而此前整个美国还是欧洲服装的最大出口市场;米兰在 20 世纪 70 年代随全球成衣潮脱颖而出;东京的时装则由于 20 世纪 80 年代日本高涨的经济和日本设计师杰出的表现而一举成名。中国的经济长期保持高速增长,GDP 已经位于世界前茅,强大的生产能力、消费能力和灿烂的文化历史,已经使得北京和上海初具成为国际级时尚都市的可能。2008 年的金融危机使得西方的时尚产业深受打击,中国良好的经济表现成为世界的焦点,这也给中国时尚产业和时尚城市脱颖而出提供了难得的机会。

从乐观的角度看,北京、上海离国际时装之都仅一步之遥,但是这关键一步的跨越却需要从概念、产业甚至体系上付出艰辛的努力。

6.自然气候条件

作为世界时尚之都有一个先决条件,即四季分明的气候,如此才能拥有春夏秋冬格调鲜明的时装、装扮及生活。五大时尚之都在这一方面无一例外,纽约甚至将时装分为春、夏、初秋、深秋、冬五条季节线。从这一点来看,北京和上海均具有较为优越的气候条件,而北京尤甚于上海。它们所处的纬度如表5-5所示。

表5-5　五大时装之都和北京、上海的纬度

城市	巴黎	伦敦	米兰	纽约	东京	北京	上海
北纬纬度(°)	48	51	45	41	35	40	32

6　流行及其影响因素

　　服装流行是一种复杂的社会现象,体现了整个时代的精神风貌,它与社会的变革、经济的兴衰、人们的文化水平与消费心理状况以及自然环境和气候的影响紧密相连。这是由服装自身的自然科学性和社会科学性所决定的。文化、人口统计、社会、科技、经济、政治都会在不同程度上对服装流行的形成、规模、时间长短产生影响,而个人价值观、生活方式和态度则会影响个人对流行的选择。如图6-1所示。

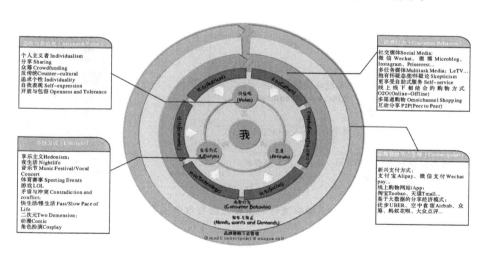

图6-1　影响个人对流行选择的因素

　　在现代流行中,服饰流行更是敏感地追随社会事件的发展。社会学家曾指出:硝烟味一浓,卡其色就会流行;女性味强的流行,是文化颓废期的共同现象。本章从宏观和微观两个层面,逐一分析文化因素、人口因素、社会因素、科技因素、经济因素、政治因素对服装流行与整体时尚趋势发展的影响。如图 6-2 所示。

图 6-2　服装流行的影响因素

　　作为社会人，我们受到所处环境的种种影响，因此对整体环境的动态跟踪与实时分析影响着我们对流行发展轨迹的预判。当我们思考流行的影响因素时，可以从宏观和微观两个层面切入。从宏观环境层面看，包括来自经济、政治、法律、文化、技术方面的因素；从微观环境层面看，包括消费者、中间商、供应商、竞争者、社会公众方面的因素。这些因素从宏观和微观两个层面共同影响消费者、流行与时尚世界，如图6-3所示。

图 6-3　影响流行的主要方面与六个主要因素

6.1　文化因素对流行的影响

　　任何一种流行现象都是在一定的社会文化背景下产生和发展的，因此也受到文化观念的影响和制约。

从宏观来看,东方文化强调对称、和谐、同一,偏重于内在情感的表达,重视主观意念,常常带有一种潜在的神秘感。因此在形式上多采用左右对称、相互关联,精神上倾向于端庄与宁静。国际化的古装是当今的主流服装,各种文化之间的距离和界限逐渐淡化,各国的服装流行趋于一致,但同样的流行元素在不同的国家仍然持有特有的文化痕迹,而且表达方式也带有许多细节上的差异,如图 6-4 所示。例如,西服套装,日本式带有明显清新、雅致的感觉,而欧式则更加强调立体感与成熟感。

图 6-4　Dior 的日本风设计

地域文化同样对服装的流行有着相当大的影响。它通过对人们的生活方式与流行观念的影响,使国际性的流行呈现出多元化的状态,不仅丰富流行的表达模式,也为流行不断注入新的活力。

6.1.1　艺术思潮对流行的影响

每个时代都有反映该时代精神特征的艺术风格和艺术思潮,它们都在不同程度上影响着该时代的服装风格和人们的生活方式。历史上有哥特式、巴洛克、洛可可等艺术风格,其精神内涵都反映在人们的衣着服饰中。尤其到了近代,服装设计师有意识地将艺术流派及其风格运用到服装中,拓展了服装的表达方式。如图 6-5 所示。

图 6-5   Dolce & Gabbana 的洛可可风格

6.1.2   影视对流行的影响

影视剧的社会影响是全方位、多层次的,它不仅带动了服饰的流行,而且深深地影响着现代人的生活方式和理念。服饰能够加强影视的艺术效果,影视作为文化传播手段同时也能推动服饰的流行与发展。一部成功电影的轰动效应是无法估量的,所以影视中影星们的服装往往是最能体现时装设计最新潮流的。从 20 世纪 50 年代的奥黛丽·赫本,60 年代的简·芳达到 90 年代的莎朗·斯通和麦当娜。优秀的影片及人物造型的魅力,像陈年佳酿,不断激发着设计师的灵感。

影视作品由于具有雅俗共赏的大众性和视觉传播的独特性,因此拥有非常广泛的受众群体。在影响服装行为的众多因素里,作为大众媒介的影视是一个非常重要的外因。事实上,在传播过程中,受众更像是一群进入自助餐厅的顾客,有着自己的选择。他们主动选择哪种造型设计合心意,并且在外界的推动下,最终使小范围的潮流变成社会化大流行。

影视剧中的时尚会随时打动人们的心,剧中人物的服饰装扮、生活个性也都会成为人们追逐时尚的风向标。如 1962 年,电影《蒂凡尼的早餐》中,奥黛丽·赫本身着出自纪梵希之手的小黑裙,其俏丽形象深得观众的喜爱,影片上映后不久欧洲街头便到处可见穿着小黑裙的女性。如图 6-6 所示。

图 6-6　奥黛丽·赫本小黑裙形象

　　1996 年,《贝隆夫人(阿根廷,别为我哭泣)》中麦当娜展示了 85 套戏服、39 顶帽饰、56 副耳环、42 种发型,甚至动用菲格拉慕(Ferragamo)手工打造了多款"艾薇塔"鞋。观众被华服所炫目时,设计师也受到启发。一时巴黎刮起了复古风,专卖店里出现了 20 世纪 40 年代艾薇塔夫人装束的现代版。如图 6-7 所示。

图 6-7　麦当娜银幕形象带动流行

　　在现代中国,韩剧对流行具有举足轻重的影响力。2014 年热播的韩剧《来自星星的你》,不仅让中国刮起了炸鸡啤酒的饮食趋势,剧中的造型也成了男女时装潮流。模仿是人类的本能,有艺术学专家认为,人类在艺术领域的成就都起源于人类早期的模仿能力。当影视作品中出现漂亮、美丽或者潇洒等各种服饰造型时,观众就会不自觉地进行模仿,哪怕是非常细微之处。如全智贤的 YSL 圆管 52 号口红在中国被称为

"星你色"，身着的 LV 编织大衣、Mr&Mrs Furs 外套等多套造型招来万千女性的模仿。如图 6-8 所示。

图 6-8 《来自星星的你》中女主角所穿服装引领了潮流

6.1.3 社会趋势对流行的影响

The Body Shop 作为一个强调生态环保理念的美国品牌，通过不断强化可持续设计理念与绿色产品设计观念，谋求消费者认同。

当生态设计、有机食品、老龄化社会来临后，人们对自身健康、环境保护等议题的关注不断增加，环保和生态作为一种整体趋势影响流行的整体走向，如图 6-9 所示。

图 6-9 强化环保理念的品牌 The Body Shop

本土品牌美特斯·邦威借力变形金刚，利用植入式广告影响年轻消费者。台词"我只喝伊利舒化奶"，男主角穿着 MTEE 的镜头均成为电影热播时的热点话题，并引发对这两个品牌的高热议度。如图 6-10 所示。

图 6-10　植入影片的品牌引发关注

6.2　人口因素对流行的影响

如图 6-11 所示,快时尚品牌 H&M 选择一位具有古铜色黝黑肌肤的模特代言其泳装品牌,并通过户外广告板等方式大肆推广。结果成了一个社会事件遭到众多欧洲消费者,尤其是家中有青少年年龄段女儿的妈妈们的强烈反对。认为这类广告可能诱导年轻人过度暴晒而导致皮肤癌。H&M 最终不得不撤下户外广告牌。

图 6-11　H&M 泳装形象引发抗议

　　印度是个高出生率的国家。其人口增长速度非常快,使印度一直保持着人口大国的地位,一直仅次于中国。据美国人口普查局预测,在 2028 年,印度将超过中国成为世界上人口最多的国家。

　　据统计,2010 年,0～14 岁人口占总人口比例,印度是 32%,美国是 20%,俄罗斯是 15%,日本是 13%,德国是 14%,孟加拉国是 32%,印度尼西亚是 29%,巴西是 28%。

　　尽管中国人口总数现在是全世界第一,但是 0～14 岁儿童的人口数量,印度已经把中国远远甩在后面了。印度儿童人口数量 3.87 亿,中国是 2.22 亿,印度儿童人口数量比中国多出将近 1.65 亿,是中国的将近两倍。目前,中国人口只占世界人口的 19.4%,儿童人口占比更是下降到 11.9%。

　　总部位于印度班加罗尔的零售研究机构 Insight Instore 的首席执行官戈皮·克里希纳斯瓦米说:"印度庞大并且仍在增长的儿童人口吸引了越来越多来自成熟市场的公司。"

　　印度商业和工业联合会(ASSOCHAM)称,除了儿童人口的高增长率外,人均可支配收入提高,同行压力加大,越来越多儿童的时尚和品牌意识提高,这些因素也会共同推动印度儿童服装市场增长。2011 年,印度儿童服装市场产值超过 3800 亿卢比,其中大约 500 亿卢比是品牌儿童服装。儿童服装市场每年增长 20%,成为增长最快的市场之一。

　　这其中,童装大多数为成衣,在 11 亿件童装中 9.9 亿是成衣,占 82%。童装的市场预计为 720 亿卢比,品牌货为 50.5 亿卢比。印度学龄儿童约 1.85 亿人,校服需求量约占童装总额的 1/3。

　　随着童装成为印度奢侈品市场最快的增长领域,国际品牌蒙娜丽莎、范思哲童装、Chicoo、贝纳通童装、Zara 和 Hamleys 等国际品牌正忙于扩大它们的影响力和销售范围。

6.3　社会因素对流行的影响

　　流行是特定时期特定群体的普遍风格,是一种动态的集体历程。作为一种社会现象,流行不仅是一种物质生活的流动、变迁和发展,而且反映了人们的世界观、价值观的变迁,是时代的象征。不同的社会环境造就不同的社会群体及民族。不同的社会群体和民族服饰表现出群体和民族里每个个体之间的关系。服饰能传递穿着者的信息,包括社会阶层与地位、地域、种族和宗教、节庆和特定仪式中的各种专职功能、年龄、婚否、城乡等。从形式上看,人类社会发展中无论是群体生活习惯还是民族文化都对服装流行有着重要的影响。

纵观人类服装发展史,每一次服装的流行变迁都映射出当时的时代特征与社会变化的轨迹。各个历史时期的政治运动、经济发展、科技进步及文化思潮的变化都可以在服装流行中以不同的面貌特征反映。

图 6-12　苏州 Elite 诚品书店的生活方式店

如图 6-12 所示,作为一种社会现象,苏州 Elite 诚品书店的生活方式店(集合了人文、艺术、展览、商业多方面),反映了社会生活的变化。

6.4　技术因素对流行的影响

一方面,技术因素促进服装发展,为流行注入更多新元素;另一方面,它促使流行信息的交流,加快了流行信息的传播速度。

从服装史的发展来看,技术给人类的衣着带来了巨大的改变。近代的资本主义工业革命带来了科学技术的迅速发展,缝纫机的出现促使服装从手工缝制走向机械化生产,形成批量化的生产形势,大大缩短了服装流行的周期;20 世纪 30 年代,合成纤维的诞生促成了 40 年代尼龙丝袜的风靡;60 年代,美苏在太空领域的竞争促使了太空装的流行;90 年代,高科技质感的流行导致 21 世纪初金属质感的面料出现在各大时装周中。纺织技术的进步和化学纤维的发明极大丰富了人们的衣着服饰。现代纺织、染整、加工等技术,不断地满足着消费者的多种需求,加快了服装流行的进程。经济的发展刺激了人们的消费欲望和购买能力,科学技术的发展促进了服装生产和新材料开发,这些都推动了服装的流行。

新科技、新发明极大地丰富了人们的衣着服饰,不断地演绎成为流行元素。如图 6-13 所示。

图 6-13 历史上每一次技术变革均引发服装材质或表现形式的变化

信息技术的突飞猛进促使地球变成一个"地球村",传播媒介极大地加快了流行的传播。在未来的设计中,科学技术对流行的影响力只会更加深远。如图6-14所示,Innisfree 在济州岛的店铺使用虚拟现实技术(Virtual Reality Technology)吸引消费者并影响其品牌感受。可见,数字化、客制化和消费者体验前所未有地交织融合为一体。

图 6-14　技术引发人们生活方式的变化

6.5　经济因素对流行的影响

服装是社会经济水平和人类文明程度的重要标志。经济是社会生产力发展的必然产物,是政治的基础,是服装流行消费的首要客观条件,所以社会的经济状况是影响服装流行的重要因素。经济水平是服装流行的物质基础,一种新的服装样式广泛流行,首先是社会有能够大量生产此类服装样式的能力,其次是人们具备相应的经济能力和闲暇时间。我国的流行服饰从 20 世纪 60 年代末的蓝、黑、灰色调到现在的与国际流行接轨的服装,充分地显示了经济发展对服装流行的推动作用。

对于个体而言,经济因素同样也左右着人们对流行的选择。德国经济学家、统计学家克里斯蒂安·洛依茨·恩斯特·恩格尔(Christian Lorenz Ernet Engel)发现,一个家庭收入越少,家庭收入中(或总支出中)用来购买食物的支出所占的比例就越大。随着家庭收入的增加,家庭收入中(或总支出中)用来购买食物的支出比例则会下降,我们称之为恩格尔系数。恩格尔系数越小,人们用于服装、住宅、休闲、娱乐、教育等方面的开支比例上升,人们对服装的需求也会由衣能蔽体发展到心理满足、符合社会潮流等。

一方面,经济的发展刺激了人们的消费欲望和购买力,使服装的市场需求扩大,从而促使服装推陈出新;另一方面,服装市场的需求也促进了生产水平和科技水平的发展,服装新材料的研发以及制作工艺在很大程度上增强了服装设计的获利,从而推动了服装流行的发展。

经济不仅对流行的大趋势有一定的影响,而且对具体服装款式也有一定的影响。

1929 年,股市大崩盘宣告资本主义经济危机的到来,使高级时装业顾客数量锐减,许多时装店被迫停业。走上社会的女性又大量被赶回家庭,要求女人具有女人味的传统观念重新抬头,服装方面又一次出现尊重优雅的倾向。有人对女装的裙长变化与世界经济的关系做过研究调查,发现 20 世纪以来,凡是经济成长期,裙长均有缩短倾向,而经济衰退期,女人味受到重视,裙子往往变长。30 年代初的经济危机给女装带来的变化亦是如此。30 年代,裙子变长了,腰线回到自然位置,人们开始崇尚成熟的优雅女性美,如图 6-15 所示。

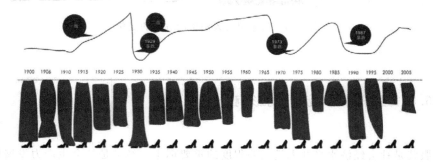

图 6-15 经济变化带来裙长变化

6.6 政治因素对流行的影响

虽然一个时代的政治因素是造成流行的外部因素,但它直接影响到人们的生活观念、行为规范,促使人们的着装心理和着装方式与之协调,所以往往能够影响时代的着装特征。

一般来说,发达的经济和开放的政治环境使人们着意于服饰的精美华丽与多样化的风格。任何一种流行现象都是在一定的社会文化背景下产生、发展的。服装的流行也必然受到该社会的道德规范及文化观念的影响和制约。

历史上,许多典型的政治事件都对服装的流行起到推动作用。例如 18 世纪 80 年代至 90 年代初的法国大革命时期,“长裤汉”成为革命者的象征,之后引起男子长裤的流行并逐渐成为男士的固定着装;我国辛亥革命同样引发了对几千年封建制度的革命,男子开始流行中山装、西装;女子流行轻便适体的改良旗袍。

如图 6-16 所示,2016 年世界级经济会议——G20 峰会把杭州推上了世界舞台,连星巴克这类全球化咖啡品牌都特别推出了杭州风味的三明治以迎合消费者关注焦点的走向。

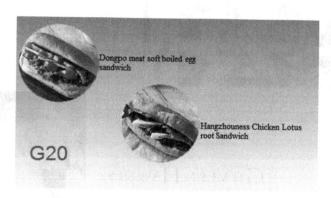

图 6-16 G20 峰会的热议把杭州推上了世界舞台

如图 6-17 所示,两部电影《撒切尔夫人》《昂山素季》伴随两位知名女性人物的故事,引发消费者对片中主人公着装的关注,影响赞助服装品牌纪梵希(Givenchy)受到一时热议。

6-17 《撒切尔夫人》和《昂山素季》引发 Givenchy 品牌热议

如图 6-18 所示,分别是两次影响很大的政治事件引发的流行现象:一是政治事件(肯尼迪遇刺)和著名的粉红香奈儿(Pink Chanel);二是威廉王子与王妃凯特的世纪婚礼引发对品牌 Gieves & Hawkes 的关注。

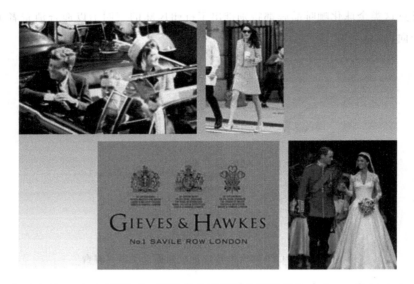

图 6-18 两次政治事件引发流行现象

战争作为政治的特殊表现形式,每一次大的战争都会给服装的传播和交流带来一定程度的影响。第一次世界大战中,妇女开始出门工作,由此妇女的裙子由脚踝以上缩短到小腿肚处,并在战争结束后,这样的样式一直延续了下来,女性的裙子进一步缩短到膝盖,并开始盛行小男孩样式服装的风格。第二次世界大战则引起军服式服装的流行,肩章、铜扣、明线迹的军服样式成为当时的流行款式。

6.7 心理因素对流行的影响

经济快速发展的今天,人们的着装早已超越了保暖的功能,更多的体现在审美方面。每个人都在有意识或无意识地受到流行的影响并产生一些微妙的心理反应,同时,正是由于这些心理反应使服装流行不断地向前发展。主导人们流行心理的因素很多,其中主要体现在以下几个方面。

6.7.1 爱美心理

爱美之心人皆有之,人类试图满足修饰的本能从原始社会就已经开始了,而炫

耀、求同、从众等心理则带有更多的社会化成分。整体着装形象美,分为外在形式的
美和通过外在形式显示出的内在意蕴的美两种。人们在议论某一着装形象时常说:
"这身衣服真美",这种美只限于服装本身;"他穿那件衣服非常有风度",这种美则综
合体现出个性和风度的着装效果,是对这着装形象综合美的一种肯定。

6.7.2 从众心理

从众心理是指人们因寻求群体归属感而选择与目标群体着装式样类似的服装,
是一种比较普遍的社会心理和行为现象。盲目从众的着装者的心理为没有个人主
见,不懂艺术鉴赏,认为着装随大流是天经地义的行为。越是在文化发展迟缓的地
区,盲目从众心理越普遍。有时随波逐流的着装者,则是迫于某种社会或团体需要和
压力所致,改变自己的知觉、意见、判断和信念,在行为上顺从与服从多数群体与周围
环境的心理反映。一种新的服装样式的出现,周围的人开始追随这种新的样式,便会
产生一种暗示性:如果不接受这种新样式,便会被讥笑为保守。为了消除这种不安
感,一些人因追随心理而不得不放弃旧的样式,加入到流行的行列中。随着接受新样
式的人数的增加,压力感也在增加,最终形成新的服装流行潮流。

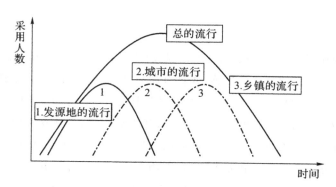

图 6-19 流行采用的时间、人数、传播的范围差异

6.7.3 模仿心理

模仿心理是个人受到非控制的社会刺激引起的一种行为,以自觉或不自觉地模
拟他人行为为特征。模仿是一种群众性的社会心理现象,使某一群体的人们表现出

相同的举止行为。例如，一些特定人群常常有类似的衣着打扮，青少年常常以偶像明星为模仿对象。

在服装的流行过程中，模仿是一种行之有效的手段。因为人们对自身的审美常常处于模糊状态，而对于旁人常常会有比较清楚的判断，所以常常会模仿一些影视明星或是时尚达人的穿着。人们对于服装的模仿，往往表现为有选择的和有创意的模仿。前者在看到自己满意的服装时，十分理智地进行效仿，选择与自身合适的款式；后者表现为对服装流行信息进行筛选，并根据自己的审美情趣和内在气质进行再创造，但总体上不脱离流行的方向。模仿在一定时间内流动、扩大，形成一定规模的广泛流行。

6.7.4　喜新厌旧心理

喜新厌旧心理的产生可以理解为同一享乐不断重复后，其带来的满足感会不断递减，于是兴趣减少。在服装选购方面，表现在服装的风格、款式、色彩、配饰等多个方面。喜新厌旧心理包括集体求新、个人一贯求新和个人偶尔求新等。

6.7.5　求异心理

求异心理在服装上可以从财富、地位、超前意识、品牌品位等方面表现，是通过外表的显示达到心理上的一种满足感，或具有超越感，或引人注目，或个性张扬。无论哪种，都是通过自我的着装形象，在人群中制造个人的超越感和鲜明的印象。

爱美、喜新厌旧、求异心理可以归纳为求新求异心理，而从众和模仿心理可以归纳为惯性心理。人们求新求异，渴望不同的心理，是流行产生的基础和重要动力，这种心理推动了新事物的产生和发展；当新事物发展到一定程度并形成一定的势力和规模后，惯性心理开始发挥作用，带动了更多的人来跟随新事物，从而形成大众层面的流行行为。

6.7.6　环境因素

地域的不同和自然环境的优劣，使服装形成了各自的特色。从世界的服装发展过程来看，服装的特色都是顺应本地域的自然环境和条件而发展的。自然因素对于服装流行起着一定的影响,这种影响常常是一种外在的和宏观的,主要包括地域因素和气候因素。

6.7.7　气候因素

保温、御寒是服装的基本功能之一。因此,服装的流行也受到气候的变化和四季更替的影响。从古至今,人们在设计、制作服装的时候,相当程度上是为了适应其生存环境的气候条件。气候条件的区域性和综合性特点,直接决定了此地区的服装风格。

热带、寒带、海洋性气候、地中海气候等,都有各自的服装穿着模式。对于服装的流行,人们都需要根据各地的气候条件进行适度的调整和选择,使之适应气候特征。从这个意义上说,一般情况下,气候条件越恶劣的地区,人们对服装流行的亲和力越小,而气候条件越优越的地区,人们对服装流行的亲和力越大。

6.7.8　地域因素

地理条件是指人们居住地的地理环境影响下的因素。服装要充分考虑地理条件对人体生理的影响。设计制作最适合某种特定地理条件的服装来保证人体生理需求得到最大限度的满足。不同地域的自然环境、风俗习惯、思想观念等都会影响自身对服装的态度。服装流行信息的获得与影响程度,都因地理位置和人文环境的不同而有所差异。

大城市的人们更容易接受新的观念并对流行产生推动作用,他们能够及时地获悉和把握服装的流行信息,并积极地参与到服装潮流中去;而一些小城镇的人们则会较少或较慢地接受服装的流行信息,对新的流行缺乏亲和力;那些身处边缘山区、岛屿的人们,还会固守自己的风俗习惯和服饰行为。也正因为如此,在世界范围内形成了一些极具地域特色的穿着方式,这些穿着方式也可以成为流行元素,对国际服装发展起到积极作用。

同时,随着世界经济的不断发展,科学技术、文化艺术的不断进步,平原和山区、城市和乡村的差距越来越小,这就意味着对服装流行和服装文化的共鸣越来越高。

7 当代艺术、服装与流行

7.1 20世纪以来的艺术流派及其对服装流行的影响

西方现代艺术在1900年前后形成了与以往两三千年西方艺术完全不同的艺术观念、思维和形式,艺术发生了翻天覆地的变化。艺术的写实性、唯美性、线性叙事的美学观点被完全颠覆,当代艺术展现出与过去艺术形式截然不同的非写实性和反唯美性,且这一形态业已成为当今艺术的主流形态与内容。早在20世纪之初,"波普艺术"从根本上动摇了传统艺术的根基,艺术从而一反常态,转向了个性化、观念化。艺术与服装天然交织互融,因而掌握西方现代艺术的发展脉络对于认知和了解当代艺术,对于把握今日国际文化发展模式,对于了解当代服装设计受到来自视觉艺术的影响至关重要。

西方现代艺术分为两个大的发展阶段。一个是我们习惯称为"现代主义时期"的阶段,这个阶段的发展大约从19世纪70年代出现后印象主义运动开始,到美国的"抽象表现主义"运动结束,前后经历了半个多世纪。这个阶段的主要突破表现在以下两个方面:

(1)传统美术形式的突破——从具体绘画、写实主义向非具象、非写实绘画发展,出现了立体主义、构成主义、荷兰的"风格派"、达达主义等新的类型。

(2)传统艺术观念的突破——从叙述性艺术转向观念性艺术,出现了类似表现主义、超现实主义、达达艺术这样一些独特的,以自我表现为中心的新派别;在20世纪30年代,由于欧洲的法西斯主义猖獗,西方现代艺术运动愕然中止,整个现代艺术运动被转移到美国,而在艺术探索的门类上,也逐步压缩成以美国为中心的"抽象表现主义"的单一探索形式。现代艺术在 20 世纪 10 年代到 30 年代多姿多彩的情况处于停歇之中。

美国的"抽象表现主义"运动从 20 世纪 40 年代开始盛行,涌现出类似杰克逊·波洛克、德库宁等大师。从 40 年代到 60 年代,"抽象表现主义"成为西方垄断性的艺术形式,对于求新求变的新一代艺术家来说,无疑也逐渐成为经典和教条。因此形成了现代艺术的第二个阶段,即"当代艺术"时期,具体时间从 60 年代开始至今。

20 世纪 60 年代,美国出现了反抗主流文化的"反文化"运动浪潮,在社会不稳定因素的推波助澜下,艺术的叛逆性和反主流趋势愈演愈烈。波普艺术就是其中最具有反叛意味的前卫艺术运动之一,波普艺术所倡导的模糊高雅与低俗的界限、日常生活与高雅艺术的融合、商业与艺术的结合等概念,从根本上动摇了 20 世纪上半叶尚未被触及的传统艺术的核心原则,从根本上动摇了西方传统艺术,而将现代艺术引入下一阶段。在波普艺术的带动下,出现了许多不同的新艺术形态,如观念艺术、大地艺术、人体艺术等,艺术的形态、观念与表现从此变得枝繁叶茂,丰富多样。如图 7-1所示。

图 7-1 20 世纪以来的主要艺术流派

7.2 波普与流行

波普艺术是 20 世纪 60 年代在美国和英国发展起来的新型艺术运动,它打破了20 世纪 40 年代以来抽象表现主义艺术对严肃艺术的垄断,消除了艺术创作中高雅、低俗的分立,突破了现代主义艺术运动以来新权势力量对艺术的控制,开拓了通俗、大众化、游戏化、绝对客观主义创作的新途径。波普艺术是立体主义之后 20 世纪最重要的艺术运动。

从艺术史发展的角度看,波普艺术可以视为立体主义、表现主义以来艺术上又一次重大的质的改变,它完全破坏了艺术遵循的高雅、低俗之分,打破了原有公认的严肃艺术应该是高级艺术的界限,而把日常熟视无睹的生活内容、商业内容通过新闻媒体引导至支离破碎的社会形象,利用商业符号的拼凑方式,以及完全没有艺术家情绪倾向的中立方式和绝对客观立场来从事创作,因而是 20 世纪艺术的一个重要转折点。但波普运动基本上仅仅在美国和英国发展,在欧洲其他国家并未形成运动。

"波普"的命名源于"流行艺术"(Popular Art)。艺术评论家劳伦斯·阿罗威(Lawrence Alloway)看到那些平庸无奇的商业主题绘画和雕塑、装置时,提出了"流行艺术"这个词。美国的波普艺术家主要有安迪·沃霍尔、罗伊·李奇登斯坦等(见图 7-2)。他们共同的创作特点为:采用最通俗、日常的创作题材作为创作动机与主题,这些通俗、商业的题材又同时对现代生活具有重要影响。这些生活的内容,特别是商业内容,逐渐成为现代人生活的一个不可分割的部分,同时也象征了商业时代,所以它们都具有强烈的象征特质,也是西方艺术理论家称之为插图"Iconography"的特质。

图 7-2　安迪·沃霍尔的波普作品

从意识形态和社会发展背景看,波普艺术在 20 世纪 60 年代用这种方式反抗当时的权威文化和架上艺术,不但包括了对传统学院派的反抗,也同时具有否定现代主义艺术的成分。虚无主义、反政府主义是波普艺术的精神核心,使它成为 20 世纪 60 年代西方风行一时的反文化浪潮的有机组成部分之一。20 世纪 60 年代波普艺术的发展,是在越南战争和西方广泛的反战示威运动、以美国黑人为中心的民权运动背景下形成的,具有反对美国政府和整个资本主义体制上层建筑的动机,所以波普艺术从某种程度上看是 20 世纪 60 年代的"反文化"运动在视觉上的体现,有特殊的反文化特色。

波普艺术非常强调的通俗文化主题是新闻媒体。第二次世界大战后,新闻媒体逐渐成为人们生活的重要组成部分,巨大的信息量事实上超越了人们的消化能力,过量的信息无孔不入,填鸭式地塞给大众,由此引发大众在无意识状态下被媒体俘虏,人们的生活方式、社会交往方式也由此被改变。并由此催生出波普艺术的三种特质:明目张胆地强化商业、通俗;冷漠的观察视角与表述形式;即兴创作与直截了当。

波普艺术运动在20世纪60年代达到高潮,70年代开始衰落。从历史发展的视角看,波普艺术与20世纪20年代兴起的达达主义之间具有千丝万缕的内在联系,法国艺术家杜尚拔高了这个艺术运动的精神高度,从而奠定了艺术新的可能性(见图7-3)。达达主义当时的发展事实上是对第一次世界大战所造成破坏的一种无政府主义、虚无缥缈的反抗,随着第一次世界大战渐远而消退,但达达主义对艺术原则的动摇,却为波普艺术提供了基础。某种程度上达达与波普拉近了艺术与生活的距离。60年代的波普艺术反对的是传统的高雅艺术,特别是在40年代以来垄断现代艺术的抽象主义艺术。而新波普运动反对的主要是70年代的观念艺术和极限艺术。两者反对高尚艺术的动机存在某种程度的类似。新波普与经典波普的差异在于新波普较多地具有悲观的、不详的气氛。新波普运动至今仍在发展中,并成为当代西方艺术运动的一个比较重要的潮流。由于它本身具有多元化面貌,表现形式在近代也越发丰富多样,因此对它也无法一概而论的归纳。

图 7-3 杜尚的达达主义作品

　　波普艺术的流行始于20世纪60年代，它一反彼时精致高雅的艺术生活风格，将一种全新的精神理念传达给大众，打破和消融了人们关于美的定义。这一时期服装设计师也放眼于雕塑与绘画，并从中汲取设计灵感，不再执着于精致的剪裁与服装的贴合度。

　　波普艺术与服装设计的结合，首次在服装设计上掀起轩然大波的是1965年法国服装设计师伊夫·圣罗兰的秋冬时装展示作品（见图7-4），他将成衣与艺术家蒙德里安的以几何图形为主的绘画的基本元素相融合，将红黄蓝色块与冷抽象的线条结合，以宽松的裁剪样式为大众所接受，风靡全球。

图 7-4　波普艺术在服装中的运用

　　诸如此种,在波普艺术的影响下,服装设计逐渐跳脱了原有的死板的框架,摆脱墨守成规的设计理念,将大众、消费,庸俗与高雅相结合,有着极强的反传统、反文化的特征。同时它在服装设计理念上的影响还表现为将旧的、残缺的面料素材进行新的裁剪与拼贴,为大众创造奇特的新的感官体验,在一定的文化层面上体现了后现代主义文化的精髓。

7.3　当代抽象艺术与流行

　　抽象艺术的出现完全消除了古典主义强调主题、写实再现的局限,把艺术的基本元素——形式、色彩、线条、色调、肌理作为具有本身独立意义的元素,并把这些元素进行抽象整合,创造出抽象的形式,因而突破了艺术的界限。抽象艺术在第一次世界大战之前已经发展成熟,第二次世界大战期间受到打击。20 世纪 40 年代,抽象艺术在美国得到快速发展,并融入了浓郁的美国色彩,进而影响了整个西方现代艺术的进程。事实上,这与今日美国在当代艺术的地位与流行发源地地位都有直接联系。当代抽象艺术与第二次世界大战前的欧洲抽象艺术、第二次世界大战后美国的抽象表现主义具有继承关系。

　　值得一提的是,事实上抽象艺术在东方有着悠久历史。而西方抽象艺术始于 19 世纪。19 世纪下半叶,艺术家开始对艺术表现所使用的因素和对象重新进行了研究与考虑,特别是对光线与视觉过程的研究,揭示了一个视觉表现的新面貌,即艺术与自然形态的距离。对具体表象(Appearance)进行抽象总结,从而达到表现表象之下的精神,或者通过这个抽象过程来表现艺术家的主观心理的目的是 20 世纪艺术创作的一个重心。"大色域""硬边""欧普"三种风格在 20 世纪 90 年代的西方抽象绘画中依然具有很大影响。

　　第二次世界大战后抽象绘画中最重要的一位国际艺术大师肖恩·斯库利(Sean Scully),1945 年出生于爱尔兰都柏林,1975 年移民美国,生活创作至今。1989 和 1993 年两次获英国特纳奖提名,作品被超过 150 个国际博物馆收藏,如图 7-5 所示。肖恩还担任普林斯顿大学客座艺术教授、慕尼黑造型艺术学院教授,被哲学家、艺术评论人丹托称为"属于我们这个时代伟大的画家之一"。

　　当代抽象艺术不仅对时尚产品影响颇深,时尚摄影也深受其影响,如图 7-6 所示。

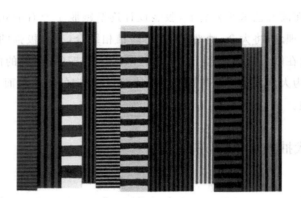

图 7-5　肖恩·斯库利的《Back and Fronts》

图 7-6　当代抽象主义在时尚摄影中的运用

　　抽象艺术最早兴起于 20 世纪的欧洲,德国哲学家 W. 沃林格的著作《抽离与情移》提出了抽象美学的观念——人们不能从外界客观事物中得到美感享受,便将客观物象从其变化无常的偶然性中解放出来,用抽象的形式使其具有永久的价值。受这种美学思潮的影响,一批艺术家开始在艺术领域探寻新的创作方法,抽象艺术由此诞生。抽象艺术在现代艺术发展史上占有重要位置。研究表明,现代艺术家创作出的优秀作品与抽象艺术的影响是分不开的,而且已经成为当今世界艺术发展的潮流方向的一分子。

　　服装以面料为基础,面料设计是服装设计的重要因素之一,其直接反映了服装的外观形象。服装面料的每次推陈出新必然牵动着潮流的时尚走向,进而创造出绚丽多姿的人类服饰文化。如今,设计师在抽象艺术的影响下,从中汲取独特的审美观和个性,创立自己的思维形象和表达方式。一些先锋的设计师开始突破传统的面料工艺,把抽象艺术中的解构、再造的表现形式融入服装面料的设计中去,创造出与众不同的面料形式,为服装设计的发展开拓了广阔的空间。例如,日本著名设计师三宅一生对服装界最大的贡献是面料再造。通过其二次改造后的面料设计出的服装,给人一种不可思议的视觉效果和审美感受。又例如,亚历山大·麦奎(Alexander Mcqueen)1995/1996年秋冬推出了由塑料材质制作的服装,裁片之间用钉状物做了链接。抽象艺术作为一种重要的装饰手段和形式语言,通过面料再造表达了服装新的外观和内涵。

在现代服装设计中,无论服装款式如何变化,最先引起人们视觉记忆的是色彩。因此,一件成功的服装设计作品不仅仅是款式的创新、工艺的精湛,同时还需要恰当的色彩表现。所以在很多时候,色彩本身在服装设计中显得尤为重要。抽象艺术完全抛开了客观物象,用"色彩"这一独特的视觉语言来表达作者与作品之间的某种内在的精神世界,更侧重于"色彩"情绪的表达,从"不可视"的色彩中寻觅一种新的"可视感"。例如,亚历山大·麦奎的2010年春夏女装秀场呈现出一种冷艳的蓝色(见图7-7),充满了现代艺术感。发布会上模特也以一袭海蓝套装开场,印花布、皮革和亮片以数种方式拼贴组合,让人眼花缭乱的同时,将抽象的"线条"及色彩效果融合为一件件完美的艺术品。而亚历山大·麦奎表示,他一直关注抽象艺术,他的作品充分展现了抽象绘画的特色,即讲究色彩明暗光影的

图 7-7 当代抽象艺术在服装
设计中的应用

交替、图案浓淡的变化、黑白的尖锐混沌、亮色轻盈凝重的抗衡或协调。抽象艺术所具有的色彩语言的独创性和丰富性,在这些服饰色彩中都有较为充分的体现。观者看到这些作品时,就能体会到艺术家敏感、细腻的视觉感受力与艺术技法处理的完美结合。

7.4 极限艺术与流行

极限主义艺术也称"减少主义艺术" (Minimal Art),是 20 世纪 60 年代开始在美国兴起的重要新潮艺术之一。这种艺术主张非常少的形式主题,强调艺术创作必须通过精心设计,必须具有周密的计划,相信艺术是通过高度的专业训练的结果。极简主义艺术开创于 20 世纪初。1913 年,俄国前卫艺术家卡西米尔·马列维奇(Kasimir Malevich)创作了一张新油画,并做了如下声明:艺术再不为政府或者宗教服务了,艺术也不再用来描述行为历史了,它将仅仅用来表达客观对象,表明简单的客观对象(指简单的几何形态)可以存在,并且能够独立存在,不依赖于其他任何东西。这段话基本奠定了极限主义的理论基础(见图7-8)。从这个时候开始,艺术出现了没有实用目的性、没有意识形态代表性的现

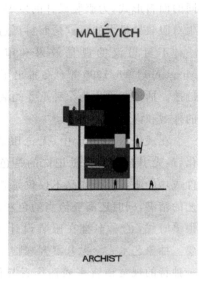

图 7-8 极限主义代表作俄罗斯
艺术家卡西米尔艺术作品

象。1914 年,卡西米尔·马列维奇进一步创作了具有极限主义特征的绘画,来巩固他的观点(见图7-9)。这部分内容到 20 世纪 60 年代在美国形成潮流,终于独立成为流

图 7-9 卡西米尔·马列维奇的油画

派,称为"极限主义"或者"减少主义"艺术。

极限主义在 20 世纪 60 年代发展的几个原因如下:对当时以讲究艺术家瞬间感觉为中心的抽象表现主义不满;对波普艺术混淆艺术创作中的高低之分,混淆职业与业余界限不满。极限主义在思想根源上与蒙德里安的艺术思想是一致的,认为艺术应该是由精心思考得到的理性的秩序结果,这与抽象表现主义讲究瞬间冲动表现的原则截然相反。

对观众而言,极限主义减少了极致的风格,是完全取消人情化的创作趋向。因此,极限主义具有明显的反主观性、物质主义性、绝对主义性和反生活性的特点。正因如此,极限主义在出现的时候遭到评论界非常明显的反对和批评。但无论理论界还是公众的反对,都不能阻止极限主义的发展。到 20 世纪六七十年代,极限主义开始迅速发展,被越来越多的主流博物馆接受。

极限主义这种艺术反对当时在美国甚至整个西方的两种最主要的艺术潮流——抽象表现主义和波普主义。极限主义的意识形态是反潮流的,它的手法是极少的形式、简单的色彩,通过绘画和雕塑来形成自己的宣言,在 20 世纪 60 年代曾经一度相当引人瞩目。90 年代以来极限主义依然存在。但它反对的波普艺术、抽象表现主义都已逐渐衰退,虽然波普艺术在当前依然存在,但对艺术的影响早已不如 60 年代那样大,在缺乏对立面的前提下,当代极限主义艺术也变得比较弱,作为一个曾经显赫一时的重大艺术运动,它目前也仅仅是 60 年代的延续而已。

严格来说,"硬边"(Hard-edge Painting)也是极限主义艺术派生的。硬边艺术具有实用简单的整体色彩、简单的几何形状,而且画面简单、形状交界处锋利整齐,形式准确。它否定了诗意、浪漫的处理方法,同时也拒绝使用简单数学的运算结果。它是理性的,但非数学和几何的,从而强调艺术和数学之间达到一个新的中间点。如图 7-10 所示为硬边艺术作品。

极限主义艺术风格影响下的服饰以简单

图 7-10 硬边艺术作品

的设计理念影响到国际时装的流行趋势，成为 20 世纪末的一项极具代表性的服饰风格的变革。如图 7-11 和图 7-12 所示。

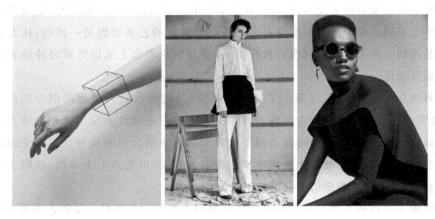

图 7-11　极限艺术在服装中的运用（一）

图 7-12　极限艺术在服装中的运用（二）

7.5 观念艺术与流行

观念艺术是 20 世纪 60 年代在美国和西欧国家发展起来的重要新艺术形式,它强调艺术的创作核心在于观念的表现,而不是采用传统的视觉艺术形式,其往往以文字来传达思想,而非传统的视觉艺术形式。当时正处于西方艺术界对长期垄断艺术的抽象表现主义的地位进行挑战的时期。一些艺术家希望能够通过突破它的局限,创造新的艺术创作局面。与当时总体文化氛围契合,出现了一系列"反文化"的艺术潮流,其中比较突出的是波普艺术,还有大色域、极限主义、大地艺术、人体艺术、观念艺术、表演艺术等,而观念艺术是其中比较突出的一种。

20 世纪 60 年代中期,出现了一种完全放弃造型艺术基本立场的高度自由化的艺术潮流。在这种潮流中,观念,特别是语言传达的观念是其创作的核心,因此被称为"观念艺术"(Concept Art)、"表演艺术"(Performance Art)、"叙述艺术"(Narrative Art)。

观念艺术的产生重点在于观念,关键是要传达观念,语言只是一种形式,观念艺术家也采用其他形式来表达,如摄影、文件、图表、地图、录影带、影像、电影,甚至艺术家自己的身体,种类繁多。但表达的核心仍是语言文字,语言是观念艺术的核心。如图 7-13 所示。

图 7-13　观念艺术的运用

马谢·杜尚（Marcel Duchamp）几乎奠定了观念艺术的全部基本原则。杜尚也成为 20 世纪最具争议、最令人瞩目的艺术家。观念艺术作为一种艺术运动，正式开始于 1966 年。艺术家开始明确强调观念是创作的一切，而文脉比内容更加重要。杜尚代表作如图 7-14 所示。

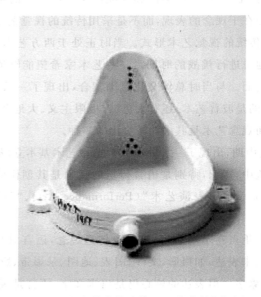

7-14　观念艺术代表作——杜尚的"喷泉"

7.6　新表现主义与流行

新表现主义（Neo-expressionism）是当代艺术中一个非常重要的组成部分。作为 20 世纪初期表现主义的持续发展，新表现主义在 20 世纪 80 年代中期以来在欧洲和美国都有非常突出的发展，成为当代艺术中备受瞩目的现象之一。新表现主义是一个以绘画为中心的当代艺术活动。

表现主义作为现代艺术的主要组成部分之一，在 20 世纪初开始发展，主要集中在德国和北欧。表现主义的立场明确强调主观感受。为了传达自身感受，可以对客观对象进行变形、夸张处理，从而达到表现自我感受与情感的目的。表现主义源于后印象主义，当时欧洲有一批代表画家，如凡·高、爱德华·蒙克、詹姆斯·索恩等。作为一种运动，表现主义在纳粹上台后被封杀，因而在整个第二次世界大战及其之后很长一段时间里,仅有美国的抽象表现主义存在。但作为一种艺术方式与思维方式,表现主义仍具生命力,因此在 20 世纪 80 年代再次形成高潮,被称为"新表现主义"。新表现主义反对的对象是 70 年代控制了西方当代艺术的两个主要流派——观念艺术和极限主义艺术。

从时间线索上,我们可以简单梳理出表现主义发展的三个阶段:第一阶段是第一次世界大战前在以德国为中心的中北欧国家产生的表现主义;第二阶段是第二次世界大战后在美国发展起来的抽象表现主义;第三阶段是 80 年代中期以来发展起来的新表现主义。

其中的代表性画家如乔治·巴塞利兹(Georg Baselitz),1938 年生于德国的萨克森,是德国新表现主义艺术代表性人物之一。1958 年,20 岁时他穿越柏林墙从东德到了西德。1964 年,他开始画笨拙粗鲁的农民、牧人和猎人。1965 年,他发展出一种颇具表现性的人物画风格,将传说中的英雄人物和神话故事中的人物在被焚毁的德国土地和风景上重现出来。他对绘画的纯粹图像因素感兴趣,有意忽视叙事性和象征性。从 20 世纪 60 年代中期开始,巴塞利兹尝试用一种"形象倒置"的方法创作绘画。在这样的画作中,上下倒置的人物似乎在向上升,重力颠倒,强烈的色彩和宽大而粗犷的笔触渲染出独特的画面形象。如图 7-15 所示。

而正是受表现主义影响,风格前卫的美国 60 年代的街头文化,以奇异的组合、怪诞的样式,给后来的设计师以极大的启

图 7-15　乔治·巴塞利兹代表作

迪和影响,冲破了人们在衣着上的各种禁忌,而设计师将这些街头服饰的元素的特点用于日常便服上,创造了很多别出心裁的个性化设计,穿着舒适方便,适合了现代人在着装上休闲化、个性化的审美要求。时尚设计的重点,也由以往的表现成熟女性晚间社交场合的穿着,转向表现年轻人的日常便装设计上来。受到表现主义影响的设计师可以说数不胜数,除去法国设计师伊夫·圣罗兰、英国设计师薇薇安·韦斯特伍德,还包括了日本的设计师山本耀司(Yohji Yamamoto)、川久保玲(Rei Kawakubo),

他们都在一段时间抑或终身受到表现主义的影响,同样的表现主义也影响着新时代服装设计师的创作激情,如克丽丝汀·迪奥(Christian Dior)的首席设计师约翰·加利亚诺(John Galliano)等。如图 7-16 和图 7-17 所示。

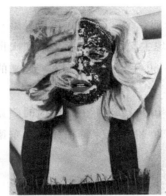

图 7-16　新表现主义在服装中的运用

图 7-17　新表现主义在现代服装设计中的运用

7.7 新写实主义与流行

第二次世界大战期间,美国逐渐取代了战前法国的地位,成为现代艺术的中心,纽约更取代了巴黎,成为当代艺术的中心。与此同时,写实主义在美国也得到了更大的发展。20世纪六七十年代,在美国出现过一个非常流行的艺术运动,其特征为在绘画和雕塑领域运用高度的写实主义,称为"超写实主义"(Super Realism)或者"照相写实主义"(Photo Realism)。超写实主义自从20世纪60年代末产生以来,一直维持着低水准的发展,未成为主流也从未消失。其特征是绝对的客观、写实、中立,对于写实技法要求极高。

超现实主义绘画是西方现代文艺中影响最为广泛的运动之一,达利作为该运动在美术领域的主要代表,一直是人们关注和争论的对象。"我同疯子的唯一区别,在于我不是疯子","每天早晨醒来,我都在体验一次极度的快乐,那就是成为达利的快乐……"不用看达利高高翘向天穹的胡子,不用观赏他充满奇思怪想的作品,单是这些不同凡响的妙语,就足使你想象得出他是个什么样的人。其代表作如图7-18所示。

图 7-18 达利的代表作《记忆的永恒》

20世纪30年代,意大利服装大师艾尔莎·夏帕瑞丽(1890—1973)娴熟地将艺术家们在创作上的思维模式进行吸收,然后开始超现实主义风格的服装设计过程,形成所谓"丑陋的雅致",打破了传统的认知模式,也打破了艺术与时装的隔阂。她的设计之路也向整个时尚届证明了设计师和艺术家之间的距离其实并不遥远。夏帕埃里是一种艺术化的时装设计理念,她以一位艺术家敏锐的眼光和独到的商业构想,以身体为基型,服装为媒介,跨越了艺术的高雅与通俗,抹杀了服装原有的规范,改变了身体的廓型与象征意义。如图7-19所示,夏帕瑞丽在设计中融入了许多生活中的经历和艺术家们带来的灵感,如年轻时看到的罗马的牧师和修女穿的戏剧化外套,还有父亲工作的图书馆中华丽的中世纪手稿以及古希腊神话,这些都被合理地激发出来,成为丰富而奇幻的珠饰及绣花。她用一种游戏哲学演绎着自己的超现实主义梦想,她从超现实主义大师达利那里借鉴了不少东西,在她的设计中可以找到野兽派的色彩、立体派的结构、表现派的风格和超现实主义装饰。

图7-19 超现实主义与服装的结合

　　超现实主义风格的创作手法让服装设计师们用时尚的语言撰写着潜意识领域中非理性、无逻辑束缚的思维模式,从服装设计的各个设计角度,实现人们精神层面的满足与审美需求(见图7-20)。面料上强烈的视觉冲击,款式上不合逻辑的任意拼凑,廓形上不符合现实的凭空想象等诸多设计创意,使得人们在日常生活中拥有更加丰

图7-20 新写实主义在现代服装中的运用

富多姿的视觉与心理体验。超现实主义风格服装设计反映了艺术与时尚的结合,令服装设计富有更深的意义,能够传达更广泛的理念,使服装设计具有鲜明的个性。今天,可以看到的超现实主义时装的款式和图案比比皆是,说明服装设计师们仍受着超现实主义风格的影响,给我们带来更多的打破常规的创意和设计理念。

7.8 后现代主义与流行

后现代主义艺术是 20 世纪 60 年代以来文化界、思想界的后现代主义运动的一个组成部分。后现代主义从字面上看,指现代主义以后的各种风格,或者某种风格。因此,具有向现代主义挑战或者否定现代主义内涵的意味。美国文学评论家伊哈布·哈桑(Ihab Hassan)很早就提出了后现代主义这一术语,其出现在 20 世纪 30 年代的某些文学作品中。

文化和社会思潮上的后现代主义是针对现代主义而发生的,在时间秩序上,现代主义代表了工业时期的文化和思潮,后现代主义代表了后工业时代、信息时代的文化和社会思潮,代表了后工业时代的价值观。

从文化现象来解释后现代主义,一般都认为后现代主义的反对目标是现代主义的同一性、叙述性、本质主义、基础主义。后现代主义提倡的是多元性、非叙事性、非本质化、无基础化的方式。

后现代主义艺术是一个非常国家化的艺术运动,形成时间大约与建筑上的后现代主义差不多,在 20 世纪 60 年代末期。在八九十年代,基本所有西方国家均有不同程度的参与,因此没有一个中心。

后现代主义设计从广义上是指源于 20 世纪 60 年代,发展于 70 年代,成熟于 80 年代的西方的一股设计思潮,是现代主义以后各种设计流派的总称。如局部独立主义、高技派、简约主义、生物形态主义等。后现代主义是人们在经受由高度单一化的国际风格营造出来的单一社会生活环境时,对前工业社会生活方式和生活环境的怀念与追忆,是重新呼唤人们文化愿望的觉醒。这一时期人们开始对现代主义风格反思、反叛、剖析和探索。试图能在现代主义设计基础和结构之上找到一条适合新时代和人们消费理念、审美心理的发展之路。这一时期让人耳目一新的设计风格和思潮,激发了设计师们的热情。

后现代主义理论家们把后现代主义归结为文脉主义、隐喻主义和装饰主义三种特征,而这三种特征则成为设计师们关注人性,实现个性化、多样化、表情化的主要手段。如图 7-21 所示。

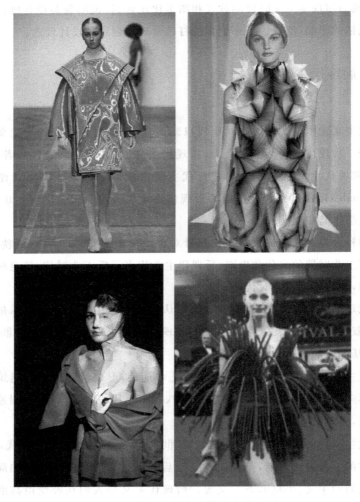

图 7-21　后现代主义在服装中的运用

　　文脉即注重运用历史传统文脉的含义,借用民族地区性的典型样式、线条、色彩等,把它们当作一种符号、语汇,通过非传统的手法,组合传统部件,融入到自己的设计中,从而构成一种古今融合的手工与现代技术结合的新型美。后现代主义设计师常用的手法是折中或戏谑。通过移植、拼贴、嫁接某些符号等形式,以获得通过符号所示的意涵。

隐喻后现代主义设计师借用符号学理论,用明喻、寓意、暗喻、象征等手法将文化讯息置于服装中,从而创造贴近大众生活的审美习俗。

7.9 立体主义与流行

立体主义始终遵循着几个几何方面的理论,以构建更为立体、结构感更强的绘画内容。从立体主义绘画来看,艺术家认为生物尤其是人体的表达形式语言往往与几何密不可分,如毕加索作为立体主义艺术流派的代表性人物,在《格尔尼卡》中,以几何的语言解析了画面并进行重组,以表现战争的悲剧,如图 7-22 所示。

图 7-22　毕加索作品《格尔尼卡》

扭曲破碎的人脸是毕加索立体主义绘画作品中最常见的元素。毕加索将具体人物的三维视角进行解析、重组,表现在二维平面上,把对主题的印象与感受综合成一体。如图 7-23 所示,毕加索在《弹曼陀林的女子》绘画作品中,以不同的视角表现了女子陶醉地弹奏乐器,乍一看女子的脸庞扭曲破碎,仔细观察则发现毕加索运用不同的几何形态使女子的侧面更加立体。

立体主义属于一种包涵理想的艺术流派,其所追求的是立体形态的美感,追求经过形式化组织后创造出的美。在立体主义绘画作品中,常以女人为主要内容。立体主义绘画作品内容应用是以绘画作品中人物的服装穿着为灵感源进行设计的,以再现绘画作品中人物的穿着。立体主义绘画作品中人物的服装大多遵循其几何形态的规律,如图 7-24 所示,设计师将绘画作品中人物穿着的裙子作为灵感源进行图案设计,并运用于服装设计作品中。

图 7-23　毕加索作品《弹曼陀林的女子》　　　图 7-24　立体主义在服装中的运用

　　立体主义风格绘画作品有几何形态、破碎扭曲的人脸、解构拼贴的特点，均可作为灵感源运用到服装设计作品中。不论是面料设计、造型设计还是色彩设计，立体主义绘画作品对其的影响都颇为深刻。随着艺术的发展，艺术形式、绘画方法的创新，服装设计作品的应用也更加多元化。在服装设计上，立体主义绘画作品的呈现方式同样伴随设计者的持续创新而日益多样化。

8 流行信息的收集、整理与视觉表现

8.1 趋势的视觉表述

趋势的视觉表述需包含以下内容：

• 主题：有预见性的主题形象，解释与说明、分析、预测、标题、宣传句、故事以及简短的小故事。

• 颜色：色彩灵感源、色彩故事、解释与说明、分析、预测、颜色名称、每一个颜色的描述、颜色编号以及颜色故事总结。

• 面料、材料、装饰物：面料和材料样本、解释与说明、分析、预测、样本的定义和面料故事总结。

• 外观：服饰与非服饰图片、解释与说明、分析、预测、外观描述、外观故事总结。

当所有的要素都准备好时，视觉性的展示就要着手制作了。在这一阶段，图表能够促进创造性方案的产生，以及对未来的预测。这些信息需要被清楚地展示出来，以便更好地传达预测情况。通过布局、品牌、背景、颜色筛选以及收集造型预测的重要性可以被很好传达。趋势预测的展示没有版面页数要求，有的会将几个内容放在同一页面内表述，整体版面数量控制在2～3页，有的则将一个内容分为多个版面表述，版面数量甚至达到二三十页之多。

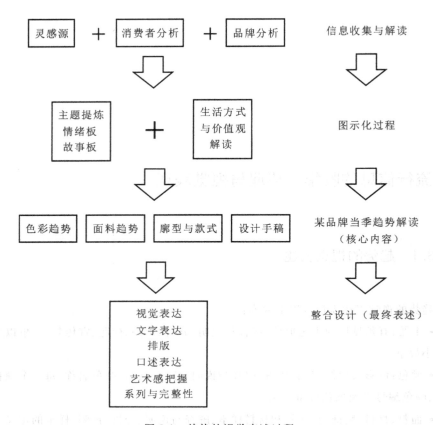

图 8-1　趋势的视觉表述过程

8.1.1　灵感源

灵感源(Inspiration)是指带来设计思路的某一事物或视觉符号等。时装折射时代信息,每一时代的杰出设计师都将服装的设计与时代精神融合。而设计来源于生活与周边的事物、社会、大自然。因此,设计师的所想所看所思均能带来新的创作灵感与激情。灵感源的收集可以来自以下几个方面。

1.社会、艺术和政治相关的新闻

政治规划、新颖的建筑外观、博物馆的艺术作品展览等对流行趋势预测员来说都是重要的参考信息。这些事件往往与时尚存在一定的联系,并且在一定范围内影响着流行的产生。如纽约大都会艺术博物馆举办的"超级英雄"主题展览,表达了对时尚与未来的幻想,如图8-2所示。这场展览驱动了未来主义风格和技术发展对时尚的影响,如图8-3所示。

8-2　纽约大都会艺术博物馆的"超级英雄"主题展览　　图 8-3　展览对时尚的影响

时尚业关注的话题还有可持续发展,该理念受到阿尔·戈尔关于环境问题的发言和全球变暖的电影《不方便的真相》(an Inconvenient Truth)的影响。服装尤其如H&M这样的快时尚品牌,必然因快速更换,而使得废弃衣物无法得到更好的处理、服装原材料处理过程带来污染等问题,最终导致一定的环境污染,故绿色服装概念、可持续发展设计开始得到时尚界的重视,竹纤维面料、海藻纤维面料由此成为热点,如图8-4所示。

图 8-4　环保电影《不方便的真相》及竹纤维面料

2.电视、电影、网络视频等大众传媒内容

由于电视节目、电影、网络视频是社会娱乐的重要组成部分,影响着人们的时尚行为,因此流行趋势预测人员需时时刻刻关注屏幕中人物的最新穿着。在热播的美剧《欲望都市》(Sex and the City)中,沙拉·杰西卡·帕克(Sara Jessica Parker)扮演的角色凯莉·布拉德肖(Carrie Bradshaw)在剧中的穿着打扮奢华时尚,激发了现代女性都市新风格的诞生。不论是 Manolo Blahnik 的钻石扣高跟鞋还是奢华的外套,都迅速成为时尚的中坚力量,重新定义了女性对时尚的态度,如图 8-5 所示。

图 8-5 《欲望都市》女主凯莉·布拉德肖与她钟爱的 Manolo Blahnik 钻石扣高跟鞋

3.时尚达人、社会名流的穿着

人们对名流的穿着打扮十分痴迷,并进行效仿,故预测员会紧密关注他们不断变化的生活方式、衣品和服饰打扮。在 20 世纪 80 年代和 90 年代,英国戴安娜王妃的风格在很多方面影响了时尚,不论是她的婚纱礼服、发型,还是她的单肩连衣裙,都影响了那个时代女性的穿着打扮。无独有偶,凯特·米德尔顿王妃(Kate Middleton)于2011 年 4 月举办皇室婚礼时所穿着的婚纱启发了设计师对蕾丝花边的使用,彼时,充满浪漫主义风味的蕾丝花边不仅出现在各式各样的婚礼服中,而且日常服装中也非常常见,如图 8-6 所示。

图 8-6　凯特王妃的婚礼服及其对婚礼服和日常裙子的影响

8.1.2　与品牌、目标消费者结合的趋势预测

1. 基于 STP 营销策略的消费者与品牌分析

STP 战略中的 S、T、P 三个字母分别是 Segmenting、Targeting、Positioning 三个英文单词的缩写,即市场细分、目标市场和市场定位。STP 营销是现代市场营销战略的核心。

(1)市场细分

1956 年,温德尔·史密斯(Wendell R. Smith)提出市场细分的概念,即根据消费者的需求差异,将某一产品的市场整体划分为若干个消费群的市场分类过程,从而选择目标市场,增加公司营销精确性。这是最有价值的营销智慧之一。市场细分不是对产品进行分类,而是对同种产品需求各异的消费者进行分类,细分后的子市场消费者的需求特征会变得相似。

消费者市场细分变量主要有:地理细分(国家、地区、城市、农村、气候、地形)、人口细分(年龄、性别、职业、收入、教育、家庭人口、家庭生命周期、国籍、民族、宗教、社会阶层)、心理细分(社会阶层、生活方式、个性)、行为细分(时机、追求利益、产品使用率、忠诚程度、购买准备阶段、态度)。市场细分有利于企业发现市场机会,更好地选择目标市场,创造出更合适目标受众的产品、服务和价格;同时面临较少的竞争对手,有利于提高竞争力。

欧莱雅集团的业务如今遍及世界 150 多个国家,旗下拥有 500 多个高品质的著名品牌,生产包括美容美发产品、护肤品、彩妆、香水等数万种产品。欧莱雅集团在中国的主要竞争对手是雅诗兰黛(EStee Lander)、倩碧(Clinique)、宝洁(P&G)、资生堂(SHISEIDO)等。这些品牌在国内都有极高的知名度、美誉度和超群的市场表现。公司从产品的使用对象进行市场细分,主要分成普通消费者使用化妆品、专业使用的化妆品,其中,专业使用的化妆品主要是指美容院等专业经营场所使用的产品。欧莱雅的策略则是,以美宝莲(Maybeline)为代表的大众化妆品占据的是中国开架商场的柜台,而高档化妆品如郝莲娜(HR)、兰蔻(LANCOME)则在中高端百货或机场免税店中销售,薇姿(VICHY)等以药妆出名的品牌则放入药房出售,欧莱雅的专业染发则遍布大中城市。把整个化妆品高中低线市场都铺盖得严严实实。

(2)目标市场

著名的市场营销学者卡迈锡提出应当把消费者看成一个特定的群体,成为目标市场。通过市场细分,有利于明确目标市场;通过市场营销策略的应用,有利于满足目标市场的需要。目标市场即为企业打算服务的、需求特征相似的顾客群。目标市场一般运用以下三种策略:无差别性市场策略,就是企业把整个市场作为自己的目标市场,只考虑市场需求的共性,而不考虑差异性;差别性市场策略,即把整个市场细分为若干个子市场,针对子市场设定不同的营销方案,满足不同的消费需求;集中性市场策略,即为在细分后的市场上,选择少数几个细分市场作为目标市场,实行专业化生产和销售。选择适合本企业的目标市场策略是一个复杂多变的工作。企业内部条件和外部环境在不断发展变化,经营者要不断通过市场调查和预测,掌握和分析市场变化趋势与竞争对手的条件,扬长避短,发挥优势,把握时机,采取灵活的适应市场态势的策略,去争取较大的利益。

(3)市场定位

市场定位是指企业针对潜在顾客的心理进行营销设计,创立产品、品牌或企业在目标顾客心目中的某种形象或个性特征,保留深刻的印象和独特的位置,从而取得竞争优势。其是 20 世纪 70 年代由美国学者阿尔·赖斯提出的。市场定位是企业根据目标市场上同类产品竞争状况,针对顾客对该类产品某些特征或属性的重视程度,为本企业产品塑造强有力的、与众不同的鲜明个性,并将其形象生动地传递给顾客,求得顾客认同。市场定位的实质是使本企业与其他企业严格区分开来,使顾客明显感觉和认识到这种差别,从而在顾客心目中占有特殊的位置。市场定位中所指的产品差异化与传统的产品差异化概念有本质区别,它不是从生产者角度出发单纯追求产品变异,而是在对市场分析和细化的基础上,寻求建立某种产品特色,因而它是现代市场营销观念的体现。

　　2.目标消费者及其生活方式的图像表述

　　目标消费群是指企业在制定产品销售策略时,所选定的消费群体构成。生活需求强调了功能性,时尚需求则指在符合着装生活需求的条件下,追求和表现自己的个性,展示个性美的着装需求,是美的需求范畴。消费者都试图在满足生活需求的前提条件下,通过着装打扮塑造不同风格形象,展示不同风格的美。每个人对着装美的认知、流行的采纳、着装风格的体现与品位等都各不相同,因此,服装风格、服装感性心理、服装品位及审美和服装流行变化等构成了时尚需求分析的核心要素。时装品位及审美,则指不同的人对服装的审美趣味性及对流行的感受能力、辨别能力,是不同的人对时尚美的反应态度;审度能力,用于衡量人们对流行的采纳程度;服装流行变化即流行趋势,是服装企业商品企划、产品开发、商家进货计划的有力依据。

　　进行消费者定位时,首先对消费者的基本类型进行划分,对选定的顾客群体进行分析,了解他们的生活方式、消费习惯、身份地位、生活空间等生活需求,根据分析推断顾客群体的审美观念、消费动机、品牌意识、流行敏感度等时尚需求;其次根据顾客的品牌观念、生活方式、文化品位、个性风格、价值取向、消费动机等共性特征,最终确定目标顾客群体的着装需求。

8.1.3　趋势预测看板前期准备内容

1.趋势看板布局考虑

　　趋势看板的布局影响着观看者对于预测所要传达信息和意义的理解。趋势看板可以纵向或横向展示。一个焦点,或观看者眼睛首先接触的位置,将会是观看者开始浏览的位置,因此我们要将代表了主题的最重要的部分放置在焦点位置。通过将布局分为不同的板块,来制造多个焦点和动态视图。布局的构造基于基础的图形概念:格子所提供的架构用于杂志和书本,建立群组能够定义物品之间的关系,或是高亮的线路展现两个物体之间视觉上的运动。

成功的布局就是要让观看者能够浏览趋势看板上的所有图片。一个流行预测趋势看板会包括展示中所有的视觉性环节，如主题、颜色、材料和织物（面料），每一个环节的外观会出现在趋势看板不同的位置。

2.趋势看板文字内容规划

字形和字体的选择要能够连接文本的主题概念，可以通过调整它的尺寸、字体、特效来实现效果。最好的结果是，选择可阅读性强的字体、适当的间距、与主题相辅相成的类型。所使用的类型应包括主题的标题和描述该故事的任何关键字。但不要在演示文稿的视觉部分中包含过多的类型。

3.背景和颜色选择

策划趋势预测板的背景，确保它能提升整个主题。添加到演示板上的边框、背景和装饰元素通常有助于支持主题呈现的最终效果。选择的颜色或纹理需要有一个统一的风格。例如，一个浪漫的主题可以使用象牙花边、柔和的色彩小花、珍珠等元素来呈现效果。

8.1.4　主题看板的整合

主题看板是趋势预测的第一块看板，主题看板需要对趋势主题进行一定的阐释，并花时间仔细筛选所选的图像，探索主题想要引起的情绪和意义，选择最能鼓舞人心的主题形象作为演示的重点。还要确保所选主题图片传达了整个看板的气氛。探索每一个图像、颜色、形状或线条及其与主题的关系。

评估各图像的重要性和清晰度，并让最重要的图像占据主导地位。选择适当的字体样式、大小和颜色。将题目的标题放在第一个看板上，包含标语和语气词在内的额外的文本也可以放在第一个看板上，如图 8-7 所示。

准备好趋势看板布局所需的所有的组成要素，并围绕着预测板主题搜寻图片，来寻找传达主题精华的最佳图片，然后选择一种裁剪方式或电子裁剪图像技术。对于传统的看板来说，需要准确地裁剪图像。例如，以回归经典的主题，所有要素都应该精确而整齐地裁剪。以复古为主题的看板，可以通过不均匀或撕裂的边缘的方式进一步突现主题情绪。除了传统的情绪板外，还有数字化的看板，即运用电脑软件进行

图 8-7　主题看板示例

看板制作,看板内容与传统方法一致。看板可以通过许多不同的程序来制作,包括幻灯片、Photoshop、Illustrator 和 In Design。许多的时尚预测服务网站,都会留有一块区域来分享精彩的流行趋势看板,如 www. Polyvore.com 就是提供给用户一个用来收集、插入、运用图片并能建立和分享看板的网站。

8.1.5　趋势核心内容:色彩、面料、造型

1.色彩板

色彩板需要对颜色进行一定的规划和布局。颜色的表现方法可以是纸标签、油漆芯片、纱线、面料小样或各种各样的面辅料。这其中,重要的是要标注色彩的潘通色号。为了调色板中每个颜色均匀分布,要把色彩标签剪切成统一的大小与形状。如果调色板有主导性的颜色或作为强调的附加颜色,颜色标签可以剪切成特殊的尺寸来区分,并利用比例来主导视觉感受。还需要对颜色放置位置和颜色排列顺序进行调整。要将颜色选择放在白色或黑色的背景上,这样对于颜色的感知就不会被其他颜色歪曲。

随着色彩故事的发展,色彩的气氛有助于进一步支持主题。通过对色彩明度、饱和度的调整选择最佳方案,可以通过翻阅过去的流行趋势看板的变化来预测该颜色的明暗程度和冷暖程度。许多预测公司都有色彩图书馆,收集着各年份不同流行色的轻微变化。

给颜色命名可以暗示并传达主题,所以要谨慎选择色彩名称。考虑支持主题的颜色名称的种类。使用已经建立的颜色识别系统,如潘通。这其中,色彩的序号通常被指定来与颜色选择相对应。因此,要为颜色板标注色彩的名称或者国际通用色彩序号(如潘通色卡)。

2.面料板

为了对流行趋势进行预测,需要收集织物与面料的样本。首先,将样本裁剪的整洁干净。为了裁剪的方便,面料可以被放置在衬垫上。使用锯齿剪刀可以给面料加一些装饰性的边缘。将面料折叠,并在装填时留边,这样就可以让观看者感受和触碰面料。

创造一个电子版本的面料预测看板,必须要对这些面辅料样本进行拍照或扫描,并将其放置在面料预测板当中。在电子展示中,观众是无法触碰面料的,所以这些实物面料需要提供给观看者用于进一步的观测。如果预测结果样板被送到展览会上,这些真实的织物、材料、装饰和样本需要在观览过程中被传递。一个色环或者一个色卡对于小部分观众来说会有很好的效果,也可以在展示结尾创造一个真实面料展示板来让观众感觉到样本。

如图 8-8 所示的面料看板无论从面料感觉还是色彩体现方面都准确而直观地体现出主题风格,并附于秀场图,表达了主题情绪。

图 8-8　面料板

3. 造型板

造型板制作从为照片和时装画进行排版布局开始,挑选照片,从中选取具有代表性的图片用于流行趋势预测。图片可以来自于不同的市场品类,如首饰、工业设计品、家具设计类、建筑设计类或彩妆产品。将照片按照不同的目标市场排列,如女装、男装、童装。图片来源也要不尽相同,秀场图片、街头摄影、杂志社编辑的图片均可。依据时尚圈的自然循环,按照直觉选取出可能在将来会流行的款式。所选取的照片中出现的物品和想法都已经是产品了,因此,预测人员需尽可能地选取那些最新兴的造型。通过编辑,将图片制作得最具视觉冲击力,因此一些图片可能需要进行重新的裁剪和上色,以便达到最好的展示效果。

黑白的线稿或是平面图应放在看板中,它们可以表现出服装的细节和形态。在展示图片的环境中加入彩绘插图能够和目标消费者生活方式相呼应。例如流行预测中,造型的手绘能够展现年龄、态度及偏好。插图可以用手绘稿扫描,也可以运用Adobe Illustrator制作一个电子手绘图。

当这些图片都被挑选好后,可以开始考虑如何布局。将这些图片剪切整齐或是将它们放置在电子版本的看板上,同时准备一个适合的模板。对于整个看板的图片来说,在它们的边缘增加不同的颜色、纹样或是线条可以更好地引导观看者的视觉中心。

如图8-9所示的造型板在廓形的处理上选用了黑白的线稿来更加直观地表现服饰的细节和形态的信息,并且在廓形图上增加了面料的小样图案以更加方便与直观地表现服装的效果。在展示板中加入秀场图片,使廓形更加一目了然且贴近生活。另外,运用Adobe Illustrator来制作电子手绘图,也从另一个侧面体现了目标消费群体的年轻化。

图 8-9　造型板

8.2　流行传播理论、路径与轨迹

8.2.1　三种主要流行传播理论

在每个年代,各种流行的传播形式都可同时存在并各自发挥作用。上传理论被称为古典的流行传播过程,在相当长的历史时期内一直是流行传播的主导模式;下传理论,流行理论界对它还有许多争论。持有异议的人认为,那些能够形成一定流行规模的下层社会的小范围内流行被上层社会发现、使用并加以倡导,然后再形成另一种自上而下的大规模流行。因此,这种过程不能构成一种独立的流行传播,只是古典的自上而下传播过程的一种变形。水平传播理论,是在第二次世界大战后逐渐发展起来的,已成为当代社会流行的主导传播理论。如图8-10所示为三种主要流行传播理论。

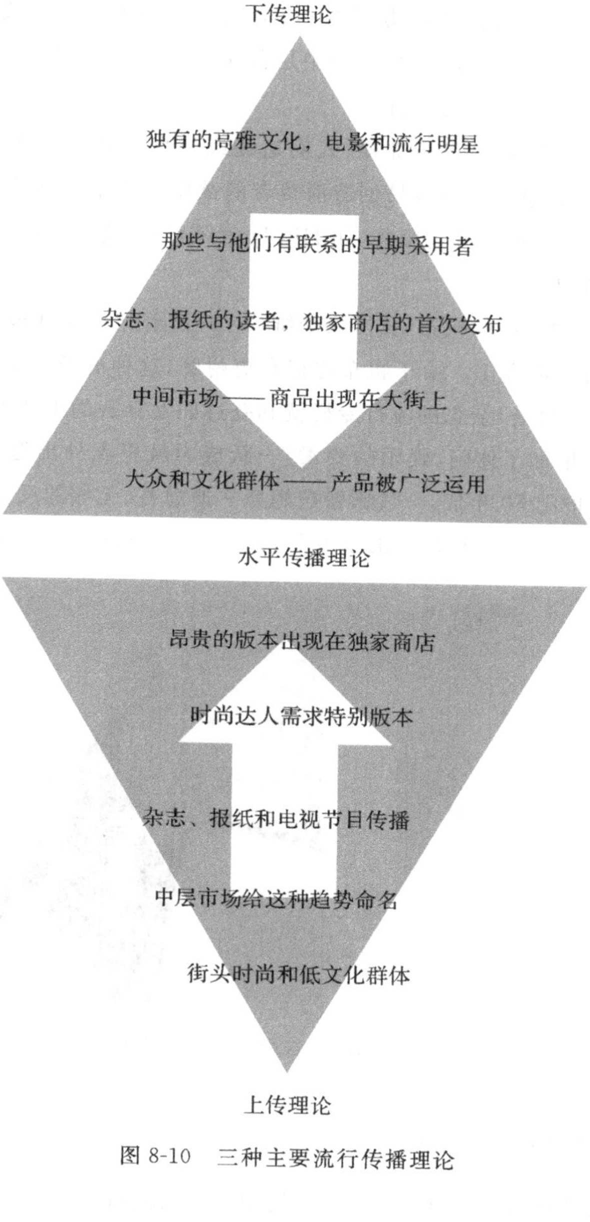

下传理论

独有的高雅文化，电影和流行明星

那些与他们有联系的早期采用者

杂志、报纸的读者，独家商店的首次发布

中间市场——商品出现在大街上

大众和文化群体——产品被广泛运用

水平传播理论

昂贵的版本出现在独家商店

时尚达人需求特别版本

杂志、报纸和电视节目传播

中层市场给这种趋势命名

街头时尚和低文化群体

上传理论

图 8-10 三种主要流行传播理论

1. 上传理论（Bubble up Theory）

美国社会学家布伦伯格（Blumberg）在 20 世纪 60 年代推出上传理论，即现代社会中许多流行是从年轻人、蓝领阶层等"下位文化层"兴起的。流行源于社会下层,由于强烈的特色和实用性而逐渐被社会的中层甚至上层所采纳,最终形成流行。这种流行最典型的实例是牛仔裤的流行。

今天,时尚已不再像 20 世纪那样,人们追逐或是直接复制贵族和富人的着衣风格了。动态的流行信息变化更容易创造消费者的欲望和需求。女性的经济政治地位慢慢提高,青少年穿上街头潮流服装(如 Hip-Hop 风格)。我们可以发现,引导时尚的关键力量已经开始改变了。

1853 年,为处理积压的帆布,美国人李维(Levi)试着把帆布裁成低腰、直腿、臀围紧小的裤子,兜售给淘金工。由于帆布比棉布更耐磨,这种裤子大受当时淘金工的欢迎。1935 年,美国《时尚》杂志的流行专栏就刊登过妇女穿着的工装裤。从此,牛仔裤不仅限于工装,还增加了休闲、娱乐的要素,一跃成为城里人外出逛街时休闲味十足的日常便服。20 世纪 50 年代,一代影帝詹姆斯·迪恩在《无端的反抗》影片中身穿牛仔裤在银幕登场。好莱坞明星、摇滚乐手在电影及表演中,都喜欢穿着牛仔裤。

图 8-11　Levi's 广告画与荧幕上的展现

2. 下传理论(Fricle down Theory)

下传理论也被称为"下滴论",是 20 世纪初提出的流行理论。其认为流行从具有高度政治权力和经济实力的上层阶级开始,依靠人们崇尚名流、模仿上层社会行为的心理,逐渐向社会的中下层传播,进而形成流行。传统的流行过程多为此类型。

如今,手机、电脑等通信技术不断进步,文字与图像能在眨眼间传遍全球。服装廓形或是剪裁可以同时在不同区域发生一些微妙的变化,所以,不同于 20 世纪,现在我们很难追溯某种风格的起源。技术的革新使传播时尚信息的渠道也越来越多,对大众生活的影响越来越强烈,例如同属大众传媒的时尚杂志和电视节目发布或播放后,我们常常与朋友或是同事之间讨论某个明星的穿着是时尚还是"灾难"。明星效应也由此变得更明显,他们可以将完全不相干的人组织起来,变成一类消费群体。

　　2011 年秋冬,象征 20 世纪 70 年代的时尚单品——裸色丝袜在被时尚界忽略了数年后重新成为时尚单品之一,这得益于英国 Kate 王妃,在她出席的任何一次正式或非正式、公开或非公开场合,她所有的搭配款式都在变,唯独裸色丝袜一直不变。2014 年 2 月,Mother of Pearl 的设计师 Any Powney 就在秀场上为模特们搭配了裸色丝袜,如图 8-12 所示。这样的趋势逐渐改变了产品和零售,Donna Karan 旗下开发了专门售卖裸色丝袜的"the nudes"线路。据 WWD 报道,因为跟随"剑桥公爵夫人"频繁亮相,裸色丝袜的销量猛增 500%,成为当时最亲民的时尚单品。

图 8-12　Mother of Pearl 秀场模特们穿着裸色丝袜

3. 水平传播理论（Horizontal-flow of Theory）

　　水平传播理论也叫大众选择理论(Mass Market Theory),指的是流行传播的路径源于社会的各个阶层,并可在社会的各个阶层中被吸引和采纳,最终形成各自的流行。大众选择的理论是由美国社会学家赫伯特·布鲁默(Herbert Blumer)提出的学说,认为现代流行是通过大众选择实现的。但赫伯特并不否认流行存在的权威性,认为这根源于自我的扩大和表露。随着工业化的进程和社会结构的改变,在现代社会中,发达的宣传媒介把有关流行的大量情报向社会的各个阶层传播,于是,流行的渗透实际上是所有社会阶层同时开始的,这就是水平传播理论。

现代市场为流行创造了很好的条件。现代的社会结构也特别适合让大众掌握流行的领导权,尽管仍存在着上层和下层,但由于人们生活水平的普遍提高,中层的比例显著增加,那种上下阶层的传统式的对立情绪已淡化,阶层意识越来越淡薄,因此非常容易引起流行的渗透。

尽管设计师在设计新一季服装时并没有相互讨论,但他们的许多构想却常常表现出惊人的一致性。制造与选购成衣的制造商和商业买手们虽然相互陌生,但他们从数百种新发布的产品中选择的为数不多的几种样式却有惊人的一致性。从表面上看,掌握流行主导权的人是这些创造流行样式的设计师或是选择流行样式的制造商和买手,但实际上他们也是某一类消费者或某一个消费层的代理人,只有消费者选择,才能形成真正意义上的流行。这些买手和设计师非常了解自己所面对的消费者的兴趣变化,经常研究过去的流行样式和消费者的流行动向,在近乎相同的生活环境和心理感应下,形成某种共鸣。

市场的多样性,不同类别的人群,不同经济、社会地位的区分,都意味着越来越多的风格可以在同一时间被人们接受,以供不同身份的人在不同的场合穿着。人们的着装越来越有创意性。碎片化的流行信息与不同文化的交流,使流行趋势越来越难以笼统预测。趋势分析人士区分不同类别的人群,如妇女、青少年、儿童等,因为每个人的生活方式都能创造出属于他们特有的样式。人们根据自己的个性和生活方式,以不同的渠道获取资讯,但他们对流行信息的灵敏度存在差异,因此可以分为早期采用者、传播者和落伍者等。

8.3　流行趋势与视觉设计

8.3.1　橱窗中的流行

1.橱窗设计概述

橱窗是店铺对外宣传的窗口,可以给品牌和店铺带来强有力的传播效果。风格各异的橱窗设计,体现了各个品牌的独特品位,橱窗好似流动的幻灯片,吸引着不同顾客驻足浏览。很多高端品牌以其神话般的幽默和夸张抓住了消费者的心理,也是以这种影响深刻的象征形式带动流行的走向。

橱窗也可以说是一个免费的广告空间,通过它可以告知顾客:品牌有什么特点? 销售什么类型的产品? 目标群体是谁? 有什么促销活动? 有什么品牌文化或故事? 利用好这个广告空间,可以吸引客人。

在中国,最早的商业橱窗展示兴起于 1927 年前后的上海,随后逐步在沿海地区发展起来。改革开放以后,随着商业体制改革的深入、消费观念的转变和西方经营体制的不断冲击,国内时装经营模式和卖场发生改变,使得橱窗展示受到重视。20 世纪 80 年代至 90 年代,受到西方服饰文化的强烈影响,橱窗的展示也随之改变,商家开始在卖场的橱窗内大量陈列商品,尽可能多地将各种规格的商品齐全地展现在顾客的视线内,所以这个时候橱窗共有的一大特点就是饱满,以显示物品的丰富。对于那个物资匮乏的年代,这种展示方式是极具吸引力的。到了 20 世纪 90 年代中后期,物资的丰富使得消费者的消费行为发生改变,开始对商品进行了分层和分类,通常会倾向于挑选适合自己层次需要的商品,卖场的形象也逐渐趋于完善,对橱窗展示的要求也发生了变化,不再以饱满齐全为主,而是呈现出细分化、风格化特征。所以,当时装终端卖场逐步发展和成熟时,橱窗设计的表达方式与手段也在不断的探索中更新。

国外橱窗展示设计的发展经历了四个阶段。第一阶段的发展始于 18 世纪末,各生产商的销售摊点都是直接在橱窗展示设计。第二阶段的发展是在 19 世纪中期,由于英国产业革命和技术的革新,易货形式彻底进化成商品经营,这在功能和空间上极大地改进了原有的销售模式。利用临街的墙面向店外的行人展示商品的橱窗出现了,店铺橱窗起到了把商品售货区和街道分开的作用。第三阶段的发展是在 20 世纪中期,随着建筑材料的不断更新,店铺销售空间和橱窗展示呈现出大规模和梦幻色彩的发展趋势。第二次世界大战后,伴随社会变革,橱窗展示设计的发展进入第四阶段,由于工业化的高速发展,西方国家的产品得到极大的丰富,商店不仅仅是销售点,更成为商品销售终端的一种语言,充当着联系消费者和商家的媒介。在这一进程中,橱窗展示设计的发展与时代背景、技术进步紧密地交织在一起。

如图 8-12 和图 8-13 所示,大规模玻璃的出现推动了当代橱窗设计的发展,也改善了如纽约第五大道、巴黎香榭丽舍大道、威尼斯圣马可广场沿街商圈等著名商业街的面貌。

图 8-12　巴黎香榭丽舍大道　　　　　　　图 8-13　纽约第五大道

2.橱窗流行的眼动实验方法

对当季一线城市中的品牌橱窗设计展示进行实地考察与图片收集。邀请超过30位专业人士对此进行评估与分类,大致可分为简介构成式、生活场景式、奇异夸张式、未来科技式和氛围渲染式。与这五类橱窗设计的方法和分类与调研对象进行充分沟通,并达成共识。在调研协助人员的帮助下,完成对超过200张当季橱窗设计图片归类,将被重复选择频率最高的5个组别各20张当季橱窗图片进行归类,2015年11月于杭州、上海、香港等地完成图片的收集与选择。实验共有被测者38名,其中男性16名,女性22名。所有被测试对象裸眼视力或矫正视力正常。由于被测对象认知偏差或程序出错等原因,剔除5份无效数据,最终保留33名被测者的有效数据。

选用眼动仪设备 EYE LINK 1000,首先用 Photoshop 软件对图片素材进行预处理,保证图片具有代表性且符合该设备的像素要求(1024×768),并排除有反光、构图不完整等可能产生干扰因素的图片。眼动仪数据由眼动仪自动记录,实验完全结束后,用眼动仪分析软件对数据进行初步整理分析,试运行成功后导出程序并正式开始试验。五个组别各10张图片,合计50张图片素材。每张图片持续时间为10s,按照所属组别设定随机选择,对38位裸眼矫正视力超过1.0的被测者逐一进行各组别单眼校对,对参加实验专业人员的提问实时解答,每位实验参与者的试验时间超过30分钟。

3.实验目的

通过所形成的热点图(Fixation Map)可了解以下实验目的:是否指向产品;关注的时间;关注的次数。

通过眼动轨迹(Eye Tracking)分析可了解以下实验目的:各组别中消费者视觉中心与图像解读方式;被关注与被忽略的区域;消费者的橱窗解读方式;各组别的比对分析;消费者对橱窗构图和组件(产品、道具、模特等)的观察顺序。

4.热点图分析结果

在组别1(简洁构成式)中,消费者关注的区域在5个组别中最小,且产品关注时间最长;中心产品受到最多关注,色彩鲜艳的产品多为核心视线集中区;视觉中心多位于中心线左侧,且集中于核心产品,如图8-15(a)所示。

在组别2(生活场景式)中,与生活场景道具结合的产品受到更多关注,纹样、色彩吸引更多视线;道具与产品融合的陈列效果好,如图8-15(b)所示。

在组别3(奇异夸张式)中,道具与产品受到同样多的关注;道具指向产品时产品受到更多关注;在5个组别中,此组道具受到最多关注;道具与产品均位于核心兴趣区内,如图8-15(c)所示。

(a) 简洁构成式　　　　　　　　(b) 生活场景式

(c) 奇异夸张式

图 8-15　热点图分析结果

5.眼动轨迹跟踪结果

在组别1(简洁构成式)中,当产品与背景反差较大时,视线更能集中在产品上;视线多半停留在模特的上半身,如图8-16(a)所示。

在组别2(生活场景式)中,消费者最先关注模特,随后根据场景将视线转向道具,最终回到模特。不局限于模特上半部分而是关注整体;模特多的一方,关注点密集,如图8-16(b)所示。

在组别 3(奇异夸张式)中,道具和产品视线关注点都十分密集;消费者最先关注道具,然后是产品,视线受道具影响大;道具对产品具有视线引导作用,通过道具指向具体产品,如图 8-16(c)所示。

6.交叉分析与比对

产品在五种设计风格的橱窗中均受关注;但针对不同品牌的不同诉求与展示目的,可以采用差异化的橱窗设计风格。如未来科技式设计能够更多地烘托品牌;简洁构成式设计能够更多地关注产品等,如表 8-1 所示。

表 8-1　实验结果的交叉分析与比对

分类	热点分析特征	眼动轨迹分析	交叉分析
简洁构成式	视线范围区域最小; 中心产品受到更多关注, 尤其色彩鲜艳的产品; 视线中心多位于偏左侧的核心产品	产品与背景反差大时, 视线更能集中在产品上; 视线多在模特上半身	消费者的兴趣区集中在产品上,兴趣范围小; 左侧的产品更受关注,尤其为上半身
生活场景式	与道具结合的产品受到更多关注; 道具与产品融合时效果最佳	视线轨迹为模特—道具—模特; 关注模特整体; 模特多的一方,关注点更多	消费者会代入橱窗的场景,因此与道具结合的产品最受关注; 消费者关注产品整体性
奇异夸张式	道具和产品受到同样多的关注时间; 道具指向产品时效果最佳; 道具与产品均位于核心视觉区域内	道具和产品受到同样多的视线关注点; 视线轨迹为道具—产品; 道具对产品有视线引导作用	消费者的兴趣区同时在道具与产品上; 道具的引导作用十分重要; 道具指向产品时,产品受到最多关注
未来科技式	高科技道具的受关注时间比产品更长; 产品位于道具核心区域内时,效果最好	高科技道具的视线关注点比产品更多; 产品位于道具核心区域内时,关注点最为密集; 品牌名的关注点比其余组别更为密集	消费者的兴趣区更多的在道具上; 产品位于道具核心区域时最受关注; 更能烘托品牌
氛围渲染式	视觉范围区域最大; 核心产品能成为被关注热点; 更好地引起消费者兴趣	视线轨迹与视线关注点最为分散; 产品或与产品相关物品视线关注点最密集; 消费者在 3000 毫秒内关注产品	消费者的兴趣区范围最广; 产品虽被弱化但仍是橱窗最重要的组成元素

2017 年美国百货的圣诞橱窗一反传统圣诞节的主题和色彩,选择超现实故事、迷幻的视觉效果和 Instagram 风的五彩斑斓的颜色。百货商店和零售商利用橱窗来平衡动荡的政治局面,以愉悦的、庆典般的橱窗彰显和推动爱、团结与包容。大部分的橱窗灵感源来自热带和超现实世界,而不是传统的雪景和冬季景观。充满活力的调色板、卡通式的图案和怪奇的角色道具形成了俏皮的感觉。颜色从上一年的主打色千禧粉转变为新的色调,包括 Z 世代黄、绿松石色和潘通公布的 2018 年度色彩紫色,多使用彩虹色调,其颜色通常与 LGBT(女同性恋、男同性恋、双性恋、跨性别者)旗帜相关联,旨在传播积极的、包容的信息。这些不同寻常的视觉效果引起了更广泛的全球影响力,吸引了来自全球的购物者,如图 8-16 所示。

8-16　古德曼百货(Bergdorf Goodman)2017 圣诞季橱窗和 Louis Vuitton2017 圣诞季橱窗

8.3.2　卖场中的流行

时装商店又可称为"时装商业零售空间"。现代营销理念认为,商业零售空间不单纯是商品买卖的场所,而是融生活情趣、文化修养、休闲娱乐为一体的消费生活空间。时装商业零售空间的环境设计是企业或品牌传递给公众的个性和特质,它反映了品牌的时尚程度、市场地位以及对目标顾客的吸引力。

商业零售空间的形象策划与设计目的是建立一个符合品牌定位,能够给顾客提供舒适、方便、具有品位的艺术化环境。因此,商业零售空间的设计要符合品牌与产品的市场定位,塑造强烈的个性特征,传达品牌的文化内涵。Armani 主管全球媒体事务的执行副总裁罗伯特·特伦弗斯(Robert Triefus)说:"店铺就是品牌的脸面。"就像 Prey&Garrard 现任 CEO 吉安卢卡所说:"面绝对是品牌的关键"。

今天的顾客希望得到一种品牌购买的体验和流行氛围,如中国成都无印良品

（MUJI）旗舰店将一整棵树搬进了店内，除了强调品牌本身对自然的推崇之外，更是为了与周围的家具做搭配。围绕在这棵树周围被当成货架的这些装置，事实上都是布满了岁月痕迹的家具。而据 MUJI 的介绍，它们其实都由设计师从各地精心挑选而来，并且全部属于价值不菲的古董级别。在整店的三楼，有一个规模宏大的吊灯，这是 MUJI 专属的设计。如图 8-17 所示，这个大吊灯是由 1036 个 MUJI 产品组成的，里面包括了亚克力搁架等小玩意。它们本身轻质、耐用且透光，因而被选择成为吊灯的一部分。

在高端品牌休闲化大趋势的持续影响下，街头服饰和运动鞋零售商也开始为新的店铺设计寻求奢华感，这一设计趋势给休闲的环境带来一丝时尚、高端的感觉。诸如 Supreme 和 Kith 等纽约潮牌都引领了这一潮流。总部位于伦敦的滑板品牌 Palace 通过圆柱、大理石和古典艺术风格的装饰给它的全新曼哈顿旗舰店带来了颓废的店面设计感，如图 8-18 所示。

图 8-17　MUJI 卖场场景　　　　图 8-18　Palace 的卖场设计

8.3.3　建筑外观中的流行

20 世纪 20 年代见证了艺术和时装业创造力的迸发，橱窗装饰新风格也不再仅限于大型百货商店，而是蔓延时装设计师工作室、商业街。视觉营销在这一时期成为设计师们瞩目的焦点，诸多品牌以及商场在建筑外观上大作文章，以此扩大其品牌形象和知名度,同时用视觉上的冲击吸引消费群体。

纽约时代广场位于西42街与百老汇大道交会处,而这里是纽约剧院最密集的区域,以时代广场大厦为中心,附近聚集了近40家商场和剧院,是繁盛的娱乐及购物中心。时代大厦——世界上最大的超大规模显示屏上FOX(福克斯)电视新闻正在播出,显示屏为36.6m×27.4m,超高的清晰度,吸引了众多游人的目光。正前方右边那熟悉的纳斯达克与道琼斯股票信息广告也占据了好几层楼,左右两侧的楼面上是巨幅广告的海洋——SONY(索尼)、Canon(佳能)、HITACHI(日立)、SHARP(夏普)、Panasonic(松下)、Samsung(三星)。时代大厦作为一个标志性建筑,在视觉战争中也是屹立不倒的。

意大利知名珠宝品牌宝格丽(Bulgari)与沪上大众共同迎接国庆佳节的到来。宝格丽珠宝家族中的经典杰作Serpenti蛇形图腾系列灯光艺术装置以其全新的美轮美奂的形态于这个金秋时节在上海恒隆广场呈现于公众眼前。该灯光艺术装置由15万颗LED灯泡组成,总重约2.5吨,高度为20米,宽度为30米(见图8-19)。需要超过百人历时一周,将9根钢索从恒隆广场顶层悬挂往下,并连接专业定制的龙骨结构将带有灯泡的鳞片一片一片固定于龙骨之上,这也是上海恒隆广场有史以来悬挂的最大型的灯光艺术装置。

图 8-19   上海南京西路恒隆广场(2016 年)

美丽、有创意的设计不仅限于店内,越来越多的品牌和百货商店开始寻求强化建筑外观设计给人带来的视觉冲击。好的建筑外观设计不仅有助于连接繁忙的购物区和社区,还能吸引路人的注意,并且在消费者购物之前就展示了品牌或百货的信息和基本基调。香奈儿在阿姆斯特丹的旗舰店完全由透明玻璃砖构建,以非常现代化的方式与原有的传统建筑融合,玻璃砖和赤陶土砖的完美融合使整体效果仿佛是店铺漂浮在石头建筑上,如图8-20所示。

图 8-20　香奈儿阿姆斯特丹旗舰店建筑外观

8.3.4　广告中的流行

广告是表达品牌理念的有力工具,是时装品牌最为常用的视觉推广与传播媒介。平面广告主要有杂志广告、报纸广告、街头广告、互联网广告、店铺中的 POP 售点广告等。优衣库(Uniqlo)用贴合品牌风格的形象代言人为其做宣传,广告投放遍布网络、杂志、车站等媒介,大量的广告宣传增强了品牌的市场影响力。在广告的视觉设计中,设计师运用巧妙的构思,采用对比、抒情、夸张、比喻、联想、幽默等表现手法,营造一种生气勃勃、富于情趣的情景,唤起观众的兴趣与共鸣,在美的意境中享受消费。为了在激烈的市场竞争中争得一席之地,成功的广告设计师需要跳出简单、平凡、庸俗的框架,将一个讯息载体提升为精致、高超的艺术表现空间,广告才能真正激发起人们的兴趣和关注,创造出奇制胜的传播效果。如图 8-20 所示。

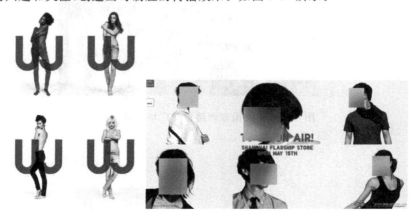

图 8-20　优衣库的广告投放

8.3.5　新媒体中的流行

体验经济背景下的消费者以更加个性化、矛盾多变的形象出现。而服装前所未有地与科技结合在一起，并不断更新人们的生活方式和群体文化，而物联网技术、网上更衣室、Apple 的风靡使得地理围栏技术得以普及；Twitter、Facebook、新浪微博、社区网络店铺等引发了店铺模式、传播模式的更新，使目标消费者信息接触节点的外延不断扩张。消费者的生活方式变得更加多元化，接触信息的方式更加复合化，产品选择更加个人化和差异化。消费模式的变化使定制与大规模定制的界限一再模糊，互联网与电子商务的高度发展使服装产业时刻改变着面貌。多品牌战略的提出正是基于这种高科技的时代背景和消费者行为方式的变化。

网络已经日益成为商品销售的大舞台，如今，奢侈品也要加入其中。各季时装周也不例外，各大品牌纷纷利用新媒体造势，在 Facebook 上直播成衣秀的全过程（见图 8-22）；时尚博主成为光顾秀场的常客；时装设计师和模特们都拥有了自己的Twitter 账号并且更新频繁（见图 8-23）；积家、古驰等品牌推出了手机应用软件。社交媒体的环境造就流行的快速发展，消费群体对于流行的敏感度与日俱增。

图 8-22　LV 的 Facebook 界面

图 8-23　Dior 的 Twitter 界面

附录一　流行趋势预测相关网站

www. wgsn. com

www. stylus. com

www. trendstop. com

www. edelkoort. com

www. peclersparis. com

www. doneger. com

www. fashionsnoops. com

http://trendcouncil. com

www. steffysprosandcons. com/

www. larmoiredelana. com

www. lesberlinettes. com

www. ninistyle. net

附录二 专业词汇表

A

ACETAE 醋酸面料

A manufactured, cellulosic fiber. Acetate is lustrous, smooth, and lightweight, but it has poor stability and elasticity and is not colorfast.

• **醋酸面料**又称亚沙,是一种以醋酸和纤维素为原料经酯化反应制成的人造纤维。色彩鲜艳、外观亮丽、触感顺滑,但牢度和易染色性较差。

ACRYLIC 丙烯酸纤维

A manufactured fiber that often is a substitute for wool. It is less expensive than wool and has easier care requirements.

• **丙烯酸纤维**常被用作羊毛的替代物,比羊毛制品价低而更易打理。丙烯酸纤维是通过丙烯酸制成的一种合成纤维。

ANALOGOUS COLORS 近似色

Colors located close together on a color wheel.

• **近似色**是色环中毗邻的色彩。

B

BALANCE 平衡/对称设计

Balance is a state of equilibrium or equal distribution. A symmetrical design is equally balanced, or the same on each side, but an asymmetrical design is different on each side. An asymmetrical design can become balanced by adding details such as bolder shapes and colors to shift the balance.

• **平衡/对称设计**由对称与平衡的形式构成。对称的图形具有单纯、简洁的美感,以及静态的安全感。视觉平衡是指通过合理组织构图中的各构成要素,从而实现视觉上的平衡感受。体现在服装中常用的手法包括通过设计细节(如色彩、细部设计)来实现设计平衡感。

BLEACHING 漂白

Bleaching is used to remove color from a fabric.

• **漂白**指使用化学溶剂将面料漂染变白的过程。

BLOGGERS 博主

Who post commentary or images about a particular subject on their blog.

• **博主**即通过自己博客上传特定领域内的评论、图片的人。时尚博主发布的图片与时尚评论影响流行。

BLOGS 博客

Which is frequented regularly by individuals who post text, images, videos, and links to other Websites related to the topic of the blog. This interactive format gives the ability of participants to communicate about current trends and events.

• **博客**是一种互动形式,是关于趋势与时尚事件新型媒体沟通环节中的主要成员。

BURN-OUT PRINTING 烂花印花

Burn-out printing is a process that uses a chemical to destroy fibers, creating a semi-transparent design.

• **烂花印花**是一种使用化学制剂毁坏面料,从而创造半通透效果,改变面料表面视觉效果的织物创造方式。

■ C

CASUAL STYLE 休闲风格

That means comfortable, easy-to-wear garments. The style includes chino pants, relaxed shirts, and no ties for men, and yoga wear, and loose-fitting garments often layered or with comfort stretch added to woven fabrics.

• **休闲风格**是一种舒适、与日常生活紧密结合的服装。这类服装包括斜纹棉布裤装、休闲 T 恤、无领带的非正式男衣、居家服,以及松垮廓形、面料柔软的服装。

COLOR CYCLES 色彩循环

Are shifts in color preferences and color repetition.

• **色彩循环**是色彩流行以规律的时间段重复。

COLORFAST 色牢度

Refers to fabric that retains color.

• **色牢度**指纺织物的颜色在加工和使用过程中的固色能力。

COLOR FORECASTER 色彩预测人员

Who is a specialist in the research and development of color prediction and often is associated with a forecasting service or a fiber produce.

• **色彩预测人员**多为趋势预测和纤维生产商服务,多为色彩趋势发展研究方面的专家。

COLOR FORECASTING 色彩预测

A process of gathering, evaluating, understanding. interpreting information to predict the colors that will be desirable for the consumer in the upcoming seasons.

• **色彩预测**是经过对色彩趋势信息的收集、评估、理解,对未来的消费者色彩潮流与购买行为所进行的预测与分析。

COLOR PALETTE 色彩板

That is a range of colors.

• **色彩板**包括一组颜色。这组颜色相互关联,形成流行色彩主题。

COLOR PREFERENCES 色彩偏好

Color preferences are the tendencies for a person or a group to prefer some colors over others.

- **色彩偏好**指一位或一群消费者对某一种或某一类色彩的好感与偏爱。

COLOR WAYS 色组

Color ways refer to the assorted colors. Motifs, or patterns in which fabric is available.

- **色组**指对面料色彩印染、图案进行色彩分类。

COLOR SCHEME 配色方案

Color scheme is a group of colors in relation to each other.

- **配色方案**指一组色彩的关系与搭配方式的安排。

COLOR STORY 色彩故事

Color story is a palette of colors that are used to identify. organize, and connect ideas and products for a certain season or collection.

- **色彩故事**指通过一组色彩来诠释一种色彩风格与色彩系列,以应用于特定季节的产品式系列设计。

COLOR THEORY 色彩理论

Color theory is the study of color and its meaning in the worlds of art and design.

- **色彩理论**的研究对象是艺术与设计中色彩的基本原理及象征意义。

COLOR WHEEL 色环

Color circle is a visual representation of colors arranged according to their chromatic relationship. Three primary Color corm Create any kinds color from nature.

- **色环**是在彩色光谱中,可见的长条形的色彩序列,色环通常包括 12 种不同颜色。色环中的三原色按一定比例可以组成自然界中存在的任何色彩。

FASHION COMMUNICATING 流行表达

Communication is the process of conveying information, thoughts, opinions, and predictions about the forecast through writings, visual boards, and verbal presentations.

- **流行表达**指对流行信息、思维、观赏与预测,通过文字的视觉板、口述方式进行展示并传递的过程。

COMPLEMENTARY COLORS 互补色

Complementary are colors located opposite each other on a color wheel.

• 互补色指在色环上两个完全相对的颜色。

CONSUMER SEGMENT 消费者细分

Consumer segment is a group of consumers who share similar demographic，economic，sociological and psychological characteristics.

• 消费者细分指通过人口、社会、心理等细分指标找到一群有近似特征的消费者。

COOL COLORS 冷色

Cool colors are blues，greens，or purples.

• 冷色指蓝、绿、紫三种颜色。

COTTON 棉

Cotton is the most widely used natural fiber and is derived from the cotton plant. It grows from a seed into a cotton ball that is later harvested and cleaned.

• 棉是一种被广泛使用的自然纤维。

D

DATA SHARING 数据共享

The sharing of consumer research on specific products between research firms and designers. manufacturers，retail management，and buyers.

• 数据共享指通过收集来自于调研公司、设计师、制造商、零售商与买手的消费者调研数据进行分析以更加准确地理解目标消费者。

DEMOGRAPHICS 人口统计学

Studies of the statistical data of a population that divides a large group into smaller segments that can be analyzed. The data includes age，sex，income，marital status，family size，education，religion，race，and nationality.

• **人口统计学**即通过研究与使用数据信息进行消费者细分,信息包括年龄、性别、收入、婚姻状况、家庭规模、受教育程度、宗教、种族、国籍等数据。

DESCRIPTIVE STORY 描述性故事

That is based on nonfictional data and information about the theme. Details about the origins of the idea, the research, the historical information, the cultural influences, or the marketing response can be included. A forecast can be explained based on real situations and facts.

• **描述性故事**是围绕主题的文字描述与信息整合,结合图片展示概念灵感源、历史信息、文化认识与语境、市场应用与表现。叙述性故事是趋势提案的具体表达和事实。

DESIGN ELEMENTS 设计元素

Design elements are the starting point for designed products. The elements include line, silhouette, shape, and details as well as color, texture, and pattern.

• **设计元素**的选择是产品设计的起点,设计元素包括廓型、色彩、面料、图案、结构线等。

DESIGN INNOVATION 设计创新

Design innovation is a process that takes into consideration what a product can do for an individual. Through modern understanding of design potential, a person can find meaning and create personal connections to the product.

• **设计创新**是针对个体消费者所进行的设计思考与产品设计的过程。通过设计思考的过程与当下设计与消费者间关系的整理,建立消费者个体与产品间的关系。

DESIGN PRINCIPLES 设计原则

Design principles use design elements in combinations to create aesthetically pleasing looks. Proportion, balance, focal point, and harmony are design principles.

• **设计原则**指通过设计元素的组织、整合创造有美感的外观设计,如重复、平衡、视觉中心、合谐等。

DETAILS 细节

Details are items such as collars, necklines, sleeves, pleats, darts, pockets and contour seaming. Several lines together or asymmetrical lines can create optical interest.

- **细节**包括领型、领口线、袖子、折褶、口袋和缝迹线。如若干线迹组合出的不对称线迹也能创造有趣的视觉效果。

DIGITAL PRINTING 数码印花

Digital printing is done by creating motifs on a computer and printing using ink-jet technology, which gives greater design flexibility and is cost effective.

- **数码印花**指利用计算机式喷墨打印技术印刷的印花图案,这是一种更加灵便和经济的印花方式。

DISCHARGE PRINTING 拔染印花

Discharge printing is the process whereby color is removed by taking pigment away often in a bleaching process.

- **拔染印花**是通过漂染过程将面料原有颜色去除部分的工艺过程。

DISCO LOOK 迪斯科造型

It refers to a clothing style from the 1970s that used platform shoes, leotards, and androgynous looks. This style created the halter dress and simple body-conscious dresses often worn for dancing.

- **迪斯科造型**是20世纪70年代的典型服装样式。典型款式是坡跟鞋、紧身连衣裤、中性样式。这是一种起初跳舞时穿的强调身体曲线的简洁紧身着装样式。

DISCORD 无序

Discord is the lack of harmony in a piece and is often used to intentionally break the acceptable rules.

- **无序**是打破常规与和谐感的组织与排序方式。

DISCORDANT COLOR SCHEME 不和谐的配色方案

Discordant means the purposeful inclusion of colors that "clash".

• **不和谐的配色方案**指通过撞色或色彩冲突表达一种强烈的色彩氛围。

DOBBY WEAVES 提花组织

Dobby weaves are fancy weaves with small geometric designs woven into the textile.

• **提花组织**是一种结合几何设计的花式、织物组纺设计而制成的纺织品。

DYING 染色

Dying is the process of adding color to a fabric.

• **染色**是在面料上添加颜色的过程。

E

EDITING 编辑

Editng is the process of sorting and identifying patterns in the research，data，and images.

• **编辑**是对所收集数据、图案等信息进行分类的识别方式。

ELECTROTEXTILES 电子纺织品

It have been developed by covering polymer fibers with a metallic coating，producing strong and flexible strands created to control temperature or monitor medical conditions.

• **电子纺织品**是运行化纤纤维来强化织物韧性，改变织物原有属性的化学纺织品等。

EMBROIDERY 刺绣

Embroidery can decorate a fabric by stitching yarns，stones，or sequins into a design on top of fabric.

• **刺绣**指通过绣花、宝石点缀而修饰织物外观所进行的面料外观设计。

EYELET 孔眼

Eyelet is a woven fabric that has a pattern made by creating holes that are surrounded by stitches to prevent fraying.

• **孔眼**是为了预防磨损而在织物缝合线周围勾针布置的小孔。

F

FABRIC STRUCTURE 织物结构

Fabric structure is the method in which textiles are constructed by assembling yarns and fibers into a cohesive configuration. Depending on the construction of a different fabric qualities like drape. Stability and density are achieved that make certain fabrics more suitable to specific styles. Fabric structure is categorized as woven, knitted, nonwoven, and other methods of fabric construction.

• **织物结构**是纱线的组织结构及织造结构。不同织法制造不同牢度、密度的织物,以塑造不同款式。织物的结构包括梭织、针织和无纺。

FAD 热潮

Fad is a style that swiftly becomes popular, is widely accepted, and rapidly disappears.

• **热潮**表现为某一样式大范围被喜爱,广为流行,而后迅速消失,持续流行时间很短。

FASHION 时尚

Fashion can be defined as that which characterizes or distinguishes the habits, manners, and dress of a period or group. Fashion is what people choose to wear.

• **时尚**可以被定义为某一种特征式独特习惯、样式、服装某一时期被广为接受。

FASHION CYCLE 时尚周期

Fashion cycle is the life span of a style or a trend.

• **时尚周期**指某一样式或流行趋势的生命周期,即从出现到消失的全过程。

FASHION FORECASTING 流行预测

Fashion forecasting is the practice of predicting upcoming trends based on past and present style-related information, the interpretation and analysis of the motivation behind a trend, and an explanation of why the prediction is likely to occur.

• **流行预测**指基于过去与现在的相关数据或信息,推断某一未来可能即将流行的样式。解读和分析动机背后的动因,并解释预测可能实现的原则。

FASHION GROUP INTERNATIONAL 国际时尚研究组织

International fashion group is a professional organization in the fashion industry that includes members focusing on apparel, home, and beauty. The organization provides insights that influence fashion direction for the marketplace. Including lifestyle shifts, contemporary issues, and global trends.

- 国际时尚研究组织是时尚产业中的一个专业组织,专注于服装、家用纺织品和美容美妆。这一组织对市场中的时尚走向、生活方式的变化、时代变迁、全球趋势作出解读。

FIBER 纤维

Fiber is a hairlike substance that is the basic building block for most yarns and fabrics. Fibers fall into two main categories: natural or manufactured.

- 纤维是纱线和面料的原材料,是像头发丝一样的物质。纤维主要包括天然和人造两类。

FIBER OPTIC FABRIC 光纤织物

Fiber optic fabric is a unique fabric made from ultra-thin fibers that allow light to be emitted through advanced luminous technology.

- 光纤织物是使用超细纤维结合发光技术织造的纺织品。

FINDINGS 服装零部件

Findings are add-ons to clothes—such as buttons, zippers, velcro closures, and belts—that can be both functional and decorative.

- 服装零部件指如纽扣、拉链、尼龙搭扣、皮带这样的服饰部件,这些服装部件可以是功能性的,也可以是装饰性的。

FINISHES 后期加工

Finishes are any chemical or mechanical process that a fabric undergoes to change its inherent properties.

• **后期加工**指通过化学式人造流程来改变织物性能或者外形。

FLAPPER 20 世纪 20 年代浮夸女郎着装样式

Flapper was a nickname for free-spirited young women during the roaring twenties and their style of dress.

• **20 世纪 20 年代浮夸女装着装样式**指咆哮的 20 年代追求自由的年轻女性的着装样式。

FLOCK PRINTING 植绒印花

Flock printing is a technique that uses an adhesive to create the motif and then short fiers are attached to create a velvety surface.

• **植绒印花**指专用黏合技法创造织物表面而后剪短以形成近似天鹅绒面料表面的织物图案。

FOCAL POINT 视觉中心

Focal point of a design is the area that initially draws the eye. A designer may use line or color to direct the viewer to certain aspects of the design.

• **视觉中心**指设计中最吸引视线的中心位置。设计师可使用线条式色彩引导消费者视线以更好地展示设计的特点。

FOCUS GROUPS 焦点小组

Focus groups are a representative group of consumers that are questioned together to gather opinions about products, services, prices, or marketing techniques.

• **焦点小组**指将一组重复购买产品的消费者组织在一起,通过小组问答与讨论的形式,收集消费者对产品、服务、价格、市场营销等方面的意见与观点。

▆ G

GEOGRAPHIC STUDIES 地域研究

Geographic studies focus on where people live, including information on the population in the state, country, city, and select target areas.

• **地域研究**关注于消费者所在地域,包括其所在的国家、省、市区及特定区域。

GOTH 哥特

Goth refers to an alternative fashion style, also known as industrial punk, that includes dark leather looks, corsets, fishnet stockings worn with platform, leather boots, body piercing and tattoos, and colorfully dyed hair.

- 哥特在这里指一种服装风格,包括了如朋克、黑色皮格、紧身胸衣、网纹袜、坡跟鞋、皮靴、纹身、彩色染发等标志性元素。

GRUNGE STYLE 垃圾风格

It refers to a fashion style from the 1990s that included mismatched and messy clothing, flannel shirts, torn jeans, sneakers, and items from thrift stores layered together to create an unkempt type of appearance.

- 垃圾风格指起源于 20 世纪 90 年代的服装风格,包括不对称并略显混乱的服装与搭配方式,法兰绒衬衫、撕裂的牛仔裤、拖鞋,并通过其他简陋破烂的搭配创造蓬乱邂逅的造型风格。

H

HAND 触觉

Hand is the feel of a fiber or textile.

- 触觉指用于感受纤维与织物所获得的感受。

HARMONY 和谐

Harmony is achieved when all design elements and principles work successfully together to create an aesthetically pleasing design.

- 和谐指当所有设计元素与设计规则完美组织在一起所创造的一种设计美学感受。

HAUTE COUTURE 高级时装

Haute couture literally means "high sewing" and refers to exclusive. Made-to-order and trend-setting fashion, specifically from French fashion houses.

- 高级时装的字面含义是高级裁剪和专享的奢侈。高级定制的概念来自于法国高级时装屋。

HEAD ENDS 布样

Head ends are small samples of fabrics used by textile firms to show available or developmental fabrics.

- **布样**指面料公司用于展示式面料开发的面料小样。

HIGH CHROMA 高艳度

High chroma are bright colors.

- **高艳度**指明亮的颜色。

HIPPIE STYLE 嬉皮风格

Hippie style or hippie look refers to a "free" clothing style from the 1960s. That used bold colors and mixed wild Patterns and was often influenced by the infusion of diverse cultures. Clothing was often loose and made of natural fibers in gypsy-like styles.

- **嬉皮风格**指一种始于 20 世纪 60 年代的"自由"的着装样式,采用大胆的色彩和野性的图案,融合多元文化。款式多松垮,采用天然面料,融入吉普赛样式。

HOT ITEMS 热销款

Hot items are "must have" designs or products.

- **热销款**指时尚人士必备的设计式产品。

HUE 色相

Hue is another name for the color itself.

- **色相**是彩色的另一个名字。

IMAGES 图片

Images are photos, illustrations, or drawings used to illustrate a theme. The Internet, ads, or runway shows can also supply images.

- **图片**在这里指用于阐述主题的照片、绘画、图像。网络、广告、时装秀也是这些图片重要的素材来源。

INTENSITY 色饱和度

Intensity refers to the saturation or brightness of a color.

● 色饱和度指色彩的饱和度式明亮。

INTERPRETING AND ANALYZING 解析

That is process that entail careful examination to identify causes，key factors，and possible results；investigate what fuels upcoming trends；and consider why and how the trend will manifest.

● 解析指影响流行的关键因素、起因、可能的发展结果的分析过程，进而分析未来趋势及趋势走向。

J

JACQUARD WEAVES 提花织物

That is beautifully patterned fabric using floats of yarns to create intricate motifs or designs.

● 提花织物指通过提花织法来织造所设计的复杂图案。

K

KNIT FABRICS 针织面料

Knit fabrics are created by interloping yarns using needles. Knitted fabrics fall into two main categories：weft and warp knits.

● 针织面料是用针状物锁住纱线，进而织造面料。针织面料主要包括纬编与经编两类。

L

LINE 线

Line is one of many qualities can affect the look of a design. Lines have direction—horizontal，Vertical，or diagonal.

● 线是许多可以影响设计的外观的元素之一。线有方向——水平线、垂直线、斜线。

LINEN 亚麻布

Linen is made from the flax fiber and comes from the stems of the flax plant. The fiber is longer and stronger than cotton.

• 亚麻布的原料是来自亚麻植物茎的亚麻纤绳,这种纤维比棉花更加长与坚韧。

LONG-TERM FORECASTING 长期预测

Long-term forecasting also known as future studies, seeks to understand and identify long-term social and cultural shifts, population trends, technological advances, demographic movement, and developments in consumer behavior. Long-term forecasts extend at least two years in advance. Long-term forecasting is less about specific details and more about positioning one's business for long-term growth.

• 长期预测指根据长期社会与文化变迁如人口趋势、技术变革、人文变化、消费行为变化的理解与认知,所进行的研究,长期预测很少涉及具体细节,而是关注长期、整体的发展。

LOOMS 织布机

Looms are machines that interlace at right angles strands or yarns to make cloth.

• 织布机是将纱线交织而织造布料的机器。

M

MANUFACTURED FIBERS 人造纤维

Manufactured fibers are man-made fibers or synthetics that are created using science and technology instead of nature. These fibers are created to fill specific needs in the market and can mimic the positive qualities of natural fibers without exhausting the natural resources.

• 人造纤维指采用人造式合成纤维,利用科学技术织造而成,替代自然面料。这些纤维往往能满足市场的特定需求,并节省自然资源的损耗。

MARKET RESEARCH FIRMS 市场调研公司

Market research firms focus on the fashion and apparel industries conduct research studies and analyze and provide information on product and market trends and strategies.

- **市场调研公司**关注服装产业,通过调研与分析为市场趋势与营销战略提供信息。

MINIMALISTIC 极简主义

Minimalistic refers to a clothing style that is simple and clean with little or no accessories and embellishments.

- **极简主义**指一种追求简洁的服装样式,几乎不使用装饰的多余的设计细节。

MOD STYLE 现代主义风格

Mod style refers to a fashion style from the 1960s that,for women,included the miniskirt with accessories,tights,and go-go boots.

- **现代主义风格**指源于 20 世纪 60 年代的服装样式,包括女性中的迷你裙、整身装和长筒靴。

MONOCHROMATIC COLOR SCHEMES 单色配色方案

Monochromatic color schemes have two or more colors from one hue.

- **单色配色方案**指同一色相的两种或两种以上色彩的搭配。

MONOTONE 单色

Monotone is only one color.

- **单色**是指某一种颜色。

MOOD 色彩情绪

Mood describes the tone that represents the feelings and emotions of the message.

- **色彩情绪**指一种色彩传递出来的感受和情感。

MOOD BOARDS 情绪板

Mood boards or forecasting boards are where items (images,illustrations,slogans,and color samples)of the fashion forecast are placed.

- **情绪板**是一套趋势板,包括图像、口号、色彩小样等信息。

MOTIF 主题

Motif is a repeated design，element，form，or shape.

• **主题**指服装产品开发前关于设计、设计元素、形式、廓型灵感等方面的主题设定。

MULTICOLORED 多色的

Multicolored refers to multiple colors.

• **多色的**指设计中应用多种色彩的搭配。

■ N

NARRATIVE STORY 叙述性故事

Narrative story is based on the inspirational and artistic influence from the theme. The story can be written based on a theme of fantasy or fiction.

• **叙述性故事**指围绕主题的艺术与灵感整合，并进行围绕主题的叙述性故事描述及主题阐述。

NATIONAL RETAIL FEDERATION 零售业联合会

National retail federation is an organization that helps retailers in every segment of their business by conducting studies about worldwide retail and provides the information to its members.

• **零售业联合会**是一个旨在帮助重零售商运营并研究世界范围内零售动向、提供零售信息的机构。

NEUTRAL COLOR 中性色

Neutral color scheme is created by white，black，gray，brown，and cream. Neutral colors or natural colors do not appear on the color wheel.

• **中性色**包括白色、黑色、灰色、标色与奶白色。中性色或自然色不包括在色环中。

NONWOVEN FABRICS 非纺织织物

Nonwoven are created when fibers are held together by bonding，tangling，or fusing either in an organized or random manner.

• **非纺织织物**又称无纺布，是将纤维通过热黏合、水刺等方式黏合式压合而制造的面料。

NYLON 尼龙

Nylon is the first manufactured fiber produced in the United States beginning in 1939. Nylon is strong for its weight and has good abrasion resistance and elasticity.

• **尼龙**是 1939 年美国首先制造的化学纤维面料,具有很强的韧性。

 O

OBSERVATION 观察法

Observation is a technique used that entails watching photographing, recording, and reporting on consumers' behavior in multiple locations. This process is often done by a team of researchers, cool hunters, and forecasting experts.

• **观察法**指一种对不同区域消费者行为进行图片记录、观察、分析的技术,是调研者与流行预测专家常用的方法。

P

PENDULUM SWING 钟摆式波动

Pendulum swing refers to the movement of fashion between extremes.

• **钟摆式波动**指两极化的流行发展趋势,某一种流行达到极致区后往往向相反方向发展。

PLAIN WEAVE 平纹梭织

Plain weave is the simplest form used for many styles of fabric, both solid and printed.

• **平纹梭织**是一种基本的面料结构。

POLYESTER 聚酯纤维

Polyester is the most widely used manufactured fiber because of its affordability, easy care requirements, and ability to be modified to meet consumers' needs.

• **聚酯纤维**因其经济、易打结等特性而成为最广为使用并为消费者所接受的一种人造面料。

POLYMERS 聚合物

Polymers are chemical and molecular compounds.

- **聚合物**是化学分子的复化构成。

POPULATION 人口

Polulation is the total number of people inhabiting an area. A forecaster must consider the size of the population, its rate of growth, and the age of the people to project the future demand.

- **人口**指根据居住区域整体人口划分。预测者需考虑人口规划,人口增长率、死亡率,人口年龄结构等内容进行未来需求的评判。

PREDICTING 预测

Prediction is the process of declaring or telling in advance potential outcomes by developing scenarios to foretell projected possibilities.

- **预测**指基于现有情况的理论对未来可能的发展状况的设想与判断。

PREPPY STYLE 学院风

Preppy style refers to traditional looks that include varsity-style sweaters, classic blazers, button-down shirts, and cardigan sweaters, creating the appearance of young professional adults.

- **学院风**指由大学风格的毛衫、宽松运动外衣、带纽扣衬衫、开襟毛衫款式为代表搭配出来的学生风格着装样式。

PRIMARY COLORS 原色

Primary color are blue, red, and yellow: those colors that cannot be created by mixing others.

- **原色**指红、黄、蓝,这三种色彩无法通过其他颜色组合得到。

PRINTING 印花

Printing is a method of applying color and motif to a surface and can range from monotone (one color) to multicolor.

- **印花**指将色彩和图案转移到面料表面的方式,可为单色或多色。

PROPORTION 部分

Proportion is the scale used to divide a garment into parts. For instance, horizontal lines are used to break designs into sections, such as waistline, hip line, or shoulder line.

• **部分**指将整件衣服分为多个部件,例如通过线条进行的划分,如腰围线、臀围线、肩线。

PSYCHOGRAPHICS 心理统计学

Psychographics are the studies that classify groups according to their attitudes, tastes, values, and fears and are used to identify trends.

• **心理统计学**是根据消费者态度、品位、价值观、情感等内容对消费者进行的细分。

PUNK LOOK 朋克造型

Punk look refers to an extreme clothing style from the late 1970s that included the use of black leather, stud embellishments, outrageous hair and makeup, and distressed shirts held together with safety pins.

• **朋克造型**指 20 世纪 70 年代晚期出现的一种服装样式,其典型元素,如黑色皮革、装饰铆钉、奇异的发型和妆容、大头针装饰物等。

 Q

QUESTIONNAIRES AND SURVEYS 问卷与调研

Questionnaires and surveys help the researcher in understanding and identifying existing and potential customers, lists of questions are formulated to help the researcher elicit responses from consumers.

• **问卷与调研**通过调查理解与准确识别现有与潜在消费者。其指通过公式化的问题自消费者处得到图案并加以分析整理。

R

RAYON 人造丝

Rayon is a cellulosic fiber made from wood pulp that is chemically processed into a solution, then extruded or pushed though the spinneret to create filaments. Rayon has many of the same characteristics as cotton. It is comfortable to wear and takes color well, but it wrinkles and stretches out of shape easily.

• **人造丝**是一种源自毛纸浆的纤维质纤维。

RESEARCHING 调研

Researching is the process of exploring or investigating to collect information and imagery while looking for new, fresh, and innovative ideas and recognizing inspiration, trends, and signals.

• **调研**是通过信息与图像收集来对新的创意思维、灵感源、趋势等内容理解与调查的过程。

RESIST PRINTING 防染印花

Resist printing is a method that prevents the dyes or pigments from penetrating into the fabric, for example: tie-dyeing and batik.

• **防染印花**即用传统印花工艺在织物上先印以防止其他有色染料碰触,然后进行染色而制得色地花布的印花工艺过程。

📠 S

SALES STRATEGIES 销售战略

Sales strategy are developed by retailers and manufactures to achieve success in the market.

• **销售战略**是零售商和制造商进行开发的一种市场战略。

SATIN WEAVE 缎纹织理

Satin weave is created by allowing the yarns to float over four or more yarns in either direction. It provides a fabric with luster and shine.

• **缎纹织理**由经纱和纬纱至少隔四支或四支以上才交织一次织成的面料,具有光泽感,绸面光滑亮丽。

SCIENTIFIC APPROACH 科学方法

Scientific approach is a method forecaster relies on research data to create a forecast.

● **科学方法**指预测者依赖调研数据来进行预测的方法。

SECONDARY COLORS 间色

Secondary colors are colors achieved by a mixture of two primary hues.

● **间色**指两种原色按 50％的比例混合而成。

SHADE 暗度

Shade refers to a hue with black added.

● **暗度**指在色彩中加黑的程度。

SILHOUETTE 廓形

Silhouette is the overall outline or outside shape of a design or a garment. The silhouette is the one-dimensional figure used to create a look using form and space. The silhouette of a design can be classified using geometric terms such as circle, oval, rectangle, cone, triangle, or square.

● **廓形**指服装的外轮廓线。

SILK 丝绸

Silk is a protein fiber that is created when a silkworm creates a cocoon. The fiber from the cocoon is detangled into a long filament strand. Silk is considered a luxury fiber because of its excellent drape, smooth hand, and lustrous, appearance.

● **丝绸**是一种得自于茧蛹的蛋白质纤维。丝绸因其柔软、透气和外观美丽而被认为是一种奢侈的纤维。

SOCIAL MEDIA SITES 社交网站

Social media sites are Web sites such as Twitter or Facebook that are fast-growing Internet-based platforms used to broadcast messages, communicate, and hold conversations. These sites are being used as a marketing device to spread viral messages about brands, products, and trends.

● **社交网站**指特推式的脸谱网站,这类社交网站通过快速发展的网络平台传播信息、进行沟通,并传递品牌、产品与流行趋势信息。

SHORT-TERM FORECASTING 短期预测

Short-term forecasting focuses on identifying and predicting possible trends that are presented through themes, color stories, textiles, and looks up to approximately two year in advance.

- 短期预测关注于未来两年可能出现的关于主题、色彩、面料等方面的趋势。

SPACE AGE STYLE 太空时代风格

Space age style refers to clothing that uses futuristic synthetic fabrics made into geometric silhouettes. Materials such as metal, paper, or plastic and metallic colors such as silver and gold often are used.

- 太空时代风格指使用未来主义的复合面料塑造出几何廓形。使用金属、纸、塑料面料，如金属色系。

SPANDEX 斯潘德克斯弹性纤维

Spandex is a manufactured fiber known for its elastic qualities similar to rubber. It is widely used for swimwear and undergarments. Spandex can be blended with other fibers to create "comfort stretch" and is often blended with denim to create jeans.

- 斯潘德克斯弹性纤维是一种以韧性著称的化学纤维，广泛使用于泳装和内衣。斯潘德克斯弹性纤维也可与其他纤维混纺以创造更加舒适的面料，例如与牛仔面料的结合。

SPIDER SILK FIBERS 蛛丝纤维

Spider silk fibers are incredibly strong fibers derived from the genetic manipulation of spiders with other creatures.

- 蛛丝纤维是一种强韧的人工纤维，来源于蜘蛛和其他生物。

STAPLE OR BASIC 基本色或基础色

Staple or basic colors remain consistent from season to season, basic colors include black, navy, khaki, and white.

- 基本色或基础色指每一季流行度都稳定而持续，基础色包括黑、蓝、卡其和白色。

STYLE 风格

Style is a distinctive appearance and combination of unique features that create a look that is acceptable at the time by a majority of a group.

- 风格是一种独特的设计外观,具有独特的品位,久经时间考验而终被大众接受。

STYLE TRIBES 风格部落

They are specialized groups of people that wear distinctive looks to demonstrate their association to the group.

- 风格部落指特定群体的消费者以独特的妆容服饰标识自己的特立独行及所属群体。

SURVEYS 调研

Survey usually contains lists of questions，are designed to elicit desired information from consumers.

- 调研是通过列表中的问题,从消费者处获得信息以了解消费者需求。

SUSTAINABLE DEVELOPMENT 不可持续发展

Sustainable development meets the needs of the present without compromising the needs of future generations.

- 不可持续发展指仅满足当下需求而不考虑未来的发展方式。

SUSTAINABLE FABRICS 可持续面料

Sustainable fabric，such as organic，cotton，hemp，pineapple，soy，and seaweed，are alternative fibers that have a less harmful environmental impact.

- 可持续面料指用有机棉、麻、菠萝纤维、大豆纤维、海草纤维等给环境造成更少危害或更少负担的纤维织造而成的面料。

SWATCHES 面料样板

Swatches are sample pieces of fabric or materials that are collected from the shows of fabric manufacturers. The fabric firms show their fabrics using swatch cards，types，or head ends to display the available selections or developmental fabrics. Typically，a fabric is available in assorted designs or color ways.

• **面料样板**指面料商制作的包括多块面料小样的展示样板,用于展示新开发的面料。一般按面料的原材料类型或色彩分类陈列。

T

TARGET AUDIENCE 目标受众

Target audience is the segment of the population who may adopt new products and ideas at a specific time and is crucial in forecasting the evolution of fashion.

• **目标受众**指按特定时间到新产品接受情况划分的特定细分群体,该群体的时尚感受与新产品对于时尚演化与流行发展很重要。

TASTE 品位

Taste is the prevailing opinion of what is or is not appropriate for a particular occasion.

• **品位**指一种在特定场合着装是否合适与应时应景的普遍观点。

TEMPERATURE 色彩感受

Temperature is a way of describing color. Warm colors such as reds, oranges, and yellows can evoke emotions of excitement of anger, and cool colors such as blues, greens, or purples can be calming and pacifying.

• **色彩感受**是一种描述色彩的方式。例如红色、橙色和黄色是温暖的色彩,具有挑逗性,是一类情绪强烈,表示生气、激动的色彩。蓝色、绿色和紫色是冷色,具有平和冷静的色彩感受。

TEMPERATURE SENSITIVE TEXTILES 感温面料

Temperature sensitive textiles treated with paraffin, are not only extremely breathable and lightweight, but can also regulate body temperature.

• **感温面料**指因人体体温变化而改变的面料,如外观或色彩的变化。

TERTIARY COLORS 复色

Tertiary colors are colors achieved by a mixture of primary and secondary hues.

• **复色**指由原色和间色调和而产生的色彩。

TEXTILE STORY 面料故事

Textile story is a part of a fashion forecast that is focused on textiles，trims，materials，and findings.

- 面料故事是流行趋势的一部分，关注于织物、面料、配件毛边等内容。

THEME 主题

Theme is the topic for the forecast with a unifying，dominant idea.

- 主题反映趋势的总体概念与主要内容。

TINT 加白

Tint refers to a hue that has white added.

- 加白指在色彩中加入白色，使色彩显得更粉一些。

TONE 加灰

Tone refers to a hue with gray added.

- 加灰指在色彩中加入灰色，以增加色彩的灰色。

TREND FORECASTERS 趋势预测者

Trend forecasters are the individuals who combine knowledge of fashion，history，consumer research，industry data，and intuition to guide product manufacturers and business professionals into the future.

- 趋势预测者需具备时尚、历史、消费者、产品方面的扎实基础，且具有对未来产品方向和流行走向的敏锐感知能力。

TREND REPORT 趋势报告

Trend report based on observations from runway collections，red carpet events，or street fashion，is an account describing in detail something that already exists or has happened.

- 趋势报告基于对秀场、主要时尚事件、红毯活动、街头时尚的观察与细节分析。

TREND SPOTTERS 趋势专家

Trend spotters observe change at emerging boutiques, high-end retailers, department stores, or mass market discounters. Around the world, they track the latest stores, designers, brands, trends, and business innovations.

● **趋势专家**关注时装屋、高端零售商、百货商店、大众市场的动态变化,并在世界范围内持续跟踪新开店铺、新锐设计师动向、品牌、趋势和商业创新。

TRENDS 趋势

Trends are the first signal of change in general direction of movement.

● **趋势**是一种新方向、新动向刚刚开始出现信号的时候。

TRENDSETTERS 流行先驱

Trendsetters play a critical role in the fashion process. Identifying trendsetting groups while observing their style and taste selections gives the forecaster important clues about upcoming ideas.

● **流行先驱**在流行发展过程中扮演至关重要的角色。通过观察他们的风格、品位选择给予流行预测者以流行发展预测和未来发展的主要线索。

TRICKLE-ACROSS THEORY 水平传播理论

Trickle-across theory or horizontal flow theory of fashion adoption assumes that fashion moves across groups who are in similar social levels.

● **水平传播理论**指在流行传播中假设流行的发展与变化是通过各个属于类似社会阶层的群体间发生的。

TRICKLE-DOWN THEORY 下传理论

Trickle-down theory or downward flow theory is the oldest theory of fashion adoption and assumes fashion is dictated by those at the tip of the social pyramid before being copied by the people in the lower social levels.

● **下传理论**是一种古老的流行传播理论,假设流行从金字塔的顶端向下传播,即从社会上层阶层向下逐层下传。

TRICKLE-UP THEORY 上传理论

Trickle-up theory or upward flow theory is the newest theory of fashion adoption and is the opposite of the trickle-down theory. According to this theory, fashion adoption begins with the young members of society who often are in the lower income groups.

• **上传理论**指新的流行出现在年轻群体中或社会下层,而向上传播并最终影响上层消费群体。这是一种与下传理论相反的流行传播理论。

TYPEFACE 字体

Typeface or font can connect the message of the text with the concept of the theme. A mood can be created by using size (point), font (style of lettering), and effects (such as bold, pictorial, or disorder).

• **字体**在这里指为表述流行主题而加在趋势板上的文字。通过所选择的字体、字号、色彩而表现一种情绪。

 U

URBAN LOOK 都市风格

Urban look refers to a clothing style popularized by hip-hop and rap musicians from the "streets" that includes colorful oversized garments, low slung pants with underwear visible, huge "bling" jewelry, backward baseball caps, and zany sneakers.

• **都市风格**指一种与嘻哈与绕舌音乐有关的来自于街头的服装风格,标志性款式包括大码服装、低跨裤、大而闪烁的珠宝、帽沿向后的棒球帽、板鞋。

 V

VALUE 明度

Value is the lightness or darkness of the color.

• **明度**指色彩中加白或加黑的变化。

VINTAGE DRESSING 复古着装

Vintage dressing and retro looks refer to the return of fashion from the past.

• **复古着装**指表现过去某一时期典型样式的着装方式。

VIRAL MARKETING 病毒营销

Viral marketing refers to marketing practices that use existing social networks to spread the word through society.

• **病毒营销**指利用现有社交网络来进行口碑传播的营销方式。

W

WARM COLORS 暖色

Warm colors are reds, oranges, and yellows and can evoke emotions of excitement or anger.

• **暖色**指红色、橙色、黄色等能激发情感的色彩。

WARP KNITS 漏针

Warp knits are the loops appear along the length of the fabric, are made by machine.

• **漏针**指机器纺造时漏织几针以造成的面料上的特殊效果。

WEFT KNITS 勾针

Weft knits can be made by hand or machine. These knits are interloped across the fabric.

• **勾针**可以手工织式机织,用勾针织成的织物通过勾编缠绕而成。

WICKING JERSEY 快干服

Wicking jersey is a stretchy performance fabric that includes fibers that have the ability to pull moisture away from the body and leave the skin feeling cool and dry.

• **快干服**指快速排干身体表面水分而保持皮肤干爽感受的服装。

WOOL 毛料

Wool is a protein fiber that comes from the hair of an animal, most often sheep. Wool's positive qualities include warmth, moisture resistance, and elastic like flexibility, and its negative qualities include scratchiness, tendency to shrink, and susceptibility to damage by moths.

• **毛料**是一种来自于动物毛发(如羊)的蛋白质纤维。毛料的优点在于保暖、保持水分、弹性较好；缺点则是易蛀、易缩小等。

▦ Z

ZEITGEIST 时代精神

Zeitgeist means the "spirit of the times". It present main theme and value of a time, also close Diteactohe，with Social back ground，humanism thoughts，and techincal level.

• **时代精神**指一个时代的主旋律与价值观的表现，与时代的整体社会背景、人文思潮、技术水平紧密交织。